# 飞秒激光金属表面微纳结构制备及其润湿功能特性应用

陶海岩　宋　琳　林景全　著

国防工业出版社

·北京·

# 内 容 简 介

　　本书着重对飞秒激光金属表面微纳结构制备及其润湿功能特性应用进行了系统的阐述。主要内容包括：润湿功能特性微纳结构的应用进展、飞秒激光微纳结构制备方法与机理、防覆冰应用、沸腾传热应用、太阳能温差发电应用等内容。

　　本书适合物理、材料、机械、电子等领域的研究人员和技术人员阅读，同时也可作为相关专业高年级本科生、研究生、教师的参考书。

**图书在版编目（CIP）数据**

飞秒激光金属表面微纳结构制备及其润湿功能特性
应用/陶海岩，宋琳，林景全著. —北京：国防工业出
版社，2021.12
　　ISBN 978-7-118-12283-1

Ⅰ. ①飞… 　Ⅱ. ①陶… ②宋… ③林… 　Ⅲ. ①飞秒
激光－金属表面处理 　Ⅳ. ①TG178

中国版本图书馆 CIP 数据核字（2021）第 276024 号

※

国防工业出版社出版发行

（北京市海淀区紫竹院南路 23 号　邮政编码　100048）
北京虎彩文化传播有限公司印刷
新华书店经售

*

开本 710×1000　1/16　印张 7½　字数 142 千字
2021 年 12 月第 1 版第 1 次印刷　印数 1—600 册　定价 128.00 元

**（本书如有印装错误，我社负责调换）**

国防书店：（010）88540777　　书店传真：（010）88540776
发行业务：（010）88540717　　发行传真：（010）88540762

# 前　言

　　飞秒激光微纳加工作为先进制造的主要方式之一，已经成为近几年的研究及应用热点。在金属表面直接制备具有润湿功能特性的微纳结构，相比传统化学方法有着绿色环保、高效、智能等独特优势。目前，金属材料表面固有性质的研究虽已得到长足发展，但受材料自身限制，其性能的提升空间有限。飞秒激光可在金属表面辐照制备出具有独特性质的微纳结构，能够大幅度甚至彻底改变其表面的润湿功能特性，有望突破该领域中的瓶颈，使材料具有更大的应用价值和更广的应用空间。然而，其中还存在一些重要问题尚未解决。例如，微纳结构独特性能的物理机制尚不完全清晰，更多的新型微纳结构制备技术还有待进一步发展，并且微纳结构润湿功能特性的一些新应用也有待探索。本书基于著者近几年取得的研究成果，针对以上存在的一系列问题进行了系统的阐述。这些问题的解决对完善飞秒激光金属表面微纳结构制备技术的发展和应用具有重要意义。

　　本书总结了目前在激光微纳结构制备领域中的前沿研究成果和研究手段，从制备微纳结构的方法及典型润湿功能特性的应用方面进行了细致的阐述。具体安排如下。

　　第 1 章，对润湿功能特性微纳结构的制备方法进行了综述，随后针对防覆冰、沸腾传热以及太阳能温差发电的发展情况进行了介绍。

　　第 2 章，系统地介绍了针对金属钛、金属镍和金属铜进行的飞秒激光微纳结构制备及润湿功能特性的研究工作。

　　第 3 章，对金属铜和金属镍材料的防覆冰的研究工作进行了系统介绍，包括低温润湿功能特性、液滴结冰推迟、冰黏附强度表征以及结冰机理分析等内容。

　　第 4 章，对润湿功能特性微纳结构的沸腾传热特性进行了系统介绍，包括样品制备、润湿表征及传热测量，并详细介绍和分析了传热装置的构建和传热机理。

　　第 5 章，介绍了基于润湿功能特性集成的太阳能温差发电的应用，包括金属铝箔表面微纳结构制备、太阳能温差发电测量装置的构建以及发电机理讨论等。

　　在本书撰写过程中，参阅了许多相关资料，也借鉴了很多专业学者的研究成果，在此，向他们表示由衷的感谢。特别感谢超快与极紫外光学重点实验室林景全教授对本书撰写的大力支持。由于著者水平有限，在撰写过程中，难免有所疏漏，敬请各位读者批评指正。最后感谢家人对我工作的支持与理解。

著　者

2021 年 8 月 19 日

# 目　录

# 第1章 绪 论

## 1.1 概 述

润湿功能特性微纳结构制备一直是材料表面功能改性领域的重要研究内容，其在各领域内均有非常重要的学术价值和应用意义。目前，一些功能性微纳结构已经应用于工业领域，其潜在的商业价值和社会价值使其成为最受关注的研究方向之一。飞秒激光微纳加工热效应低、精度高，可广泛适用于多种材料表面，其作为工具制备微纳结构具有独特优势。随着近几年飞秒激光器工业化程度的不断提升以及成本的逐渐降低，飞秒激光微纳加工技术在各个领域获得工业应用已是大势所趋，因此作为先进制造的典型方式之一，已经成为润湿功能特性微纳结构制备及应用的理想工具和未来的发展趋势。本章围绕应用意义较大的典型研究方向，进行了简短的综述，包括润湿功能特性微纳结构的制备方法、基于润湿功能特性的防覆冰应用研究、基于润湿功能特性的沸腾传热应用以及温差发电的研究历程，最后对飞秒激光制备润湿功能特性微纳结构及在以上领域的相关应用做了介绍。

## 1.2 润湿功能特性微纳结构的制备方法

### 1.2.1 传统制备方法简述

目前，制备传统固体润湿功能特性微纳结构的研究工作在国外已经得到了广泛开展，以下从制备方法角度进行简要介绍。在模板法方面，首先在聚二甲基硅氧烷材料表面得到了类似蜻蜓翅膀的结构模板，再通过紫外固化在光敏胶上，通过刻印得到类似蜻蜓翅膀上的纳米柱结构阵列，单个纳米柱结构单元的直径约为 100nm，纳米柱结构阵列接触角可达 132°±2°。在溶胶凝胶法方面，Nakajima 等通过溶胶凝胶方式制备了四乙基正硅酸盐薄膜，其表面形成了丰富的弹坑状结构，再利用氟硅烷进行低表面能处理，得到了大于 150°的接触角。Minami 等利用溶胶凝胶方式在玻璃表面制备出了花状多孔三氧化二铝结构，同样在经过低表面能处理后，接触角可达到 165°。Mahadik 等也利用溶胶凝胶的方式得到富含二氧化硅的醇溶胶，其中疏水特性的二氧化硅粒子的尺寸各异，将获得的溶胶喷涂在加热到一定温度的玻璃片表面，最后用三甲基氟硅烷进行低表面能处理，使其获得了超疏水特性功能，接触角最大可达 167°，且具备一定的耐热性与透光性。借助化学方式也可以获得超疏水特性功能，Rubner 所在的研究组将基片在聚丙基烯胺与聚丙烯酸溶液中交替进行反应，进行 100 个循环的层层自组装，获得了蜂窝状结构，最终得到一个接触角达 172° 的超疏水特性表面。Alexandre 等通过化学腐蚀的方式在不锈钢表面进行改性，先使用 $FeCl_3$ 水溶液进行蚀刻获得微结构，再通过二氧化硅进行纳米粒子修饰获得纳米结构，进而实现了微纳复合结构的制备，通过进行低表面能处理，使其获得了超疏水特性功能。而且进一步的实验结果表明，通过这一系列处理的不锈钢表面具备良好的抗机械磨损与防覆冰性能。利用一些其他方法也可以获得超疏水特性表面，Onda 等通过异相成核法合成了蜡状物质的烷基正乙烯酮二聚体。在玻璃片上熔化冷却固化后得到具有分层结构的超疏水特性表面，接触角高达到 174°，且液滴极易发生滚动。

目前，国内也展开了相关研究，Yuan 等将荷叶结构压印到聚氯乙烯薄膜上，所得薄膜接触角约为 157°，滚动角小于 4°，而且样品长时间放置后接触角保持不变。江雷等通过化学气相沉积的方法在石英基底上获得了类似岛状、蜂窝状、柱形的阵列碳纳米管薄膜，测量接触角后发现接触角都大于 160°。相继使用疏水特性良好的聚丙烯腈作为前驱体，通过挤压的方式，获得了纳米纤维阵列，并且不用进行低表面能处理，接触角便可达 173.8°；在聚乙烯醇表面采用相同的技术方案也获得了超疏水特性功能。

## 1.2.2 飞秒激光制备润湿功能特性微纳结构

飞秒激光作为一种微纳加工的技术手段，也广泛应用于润湿功能特性表面的制备。Sona Moradi 等通过改变飞秒激光的脉冲能量等参数在 316L 不锈钢上制备出了 4 种典型的微纳结构，利用硅烷化进行低表面能处理后接触角超过了 160°。Jau-Ye Shiu 等使用飞秒激光在聚苯乙烯表面制备了纳米乳突结构，并用氧等离子体处理了 120s 后接触角超过 160°。Anne-Marie Kietzig 等利用飞秒激光在不同牌号的钢合金表面制备了不同类型的结构，制备的样品润湿功能特性随着时间的推移发生变化，由最初的超亲水特性状态逐渐转变成疏水特性状态（接近超疏水特性状态）。飞秒激光在金属铜表面进行微纳结构制备，通过低表面能处理后，接触角可大于 150°，同时滚动角随激光扫描速度参数优化可在 0°～90° 变化。而未经处理的原金属铜表面，接触角仅为 61°，在低表面能处理后也仅为 111°。使用飞秒激光在金属铂表面进行微纳结构制备，发现具有被大量纳米结构覆盖的平行微槽结构形成，槽的间距为 100μm、深度为 75μm，表面的纳米结构最小尺度可达到 5～10nm。并且接触角可达到 158°，表现出了超疏水特性。飞秒激光在金属钛表面进行超疏水特性微纳结构制备也有一定的进展，在金属钛表面烧蚀形成了颗粒状微纳结构，其中微米结构为 10～20μm 的谷物状结构，其表面附有尺度约为 200nm 的不规则纳米颗粒。在后续的接触角测量中，测得接触角为 166°。与未经处理的表面相比，接触角增大了 73°。在硅表面使用掺钛蓝宝石飞秒激光处理也可以实现超疏水特性微纳结构的制备，激光能量密度在 0～9kJ/m2 范围内对硅表面进行光栅式扫描直写，之后再进行低表面能处理，在接触角测量的实验中，未经飞秒激光处理的硅表面具有 115°的接触角，而使用飞秒激光处理后的硅表面接触角可达到 160°。对于有机聚合物，飞秒激光也能实现其疏水特性改良。在有机玻璃材料表面，使用飞秒激光进行微纳结构制备后，接触角可达 125°，具有一定的疏水特性。这项研究工作还表明，与金属材料和无机材料不同，有机材料疏水特性并不是通过表面结构和粗糙度的改变来实现的。有机材料经过飞秒激光作用后，分子内部的化学键会发生改变，飞秒激光使得材料表面的非极性键含量增加，极性键含量减少，造成了疏水特性的增强。陶海岩等利用飞秒激光在金属铝表面制备了微米乳突结构，接触角达到 155.5°。并利用飞秒激光成丝传输方向强度分布均匀的特点，将功能性微纳结构制备从平面拓展到非平面，这项技术为功能性微纳结构的制备提出了一种新的技术方案。

## 1.3  基于润湿功能特性的防覆冰应用研究

近些年来，材料表面被动防覆冰技术迎来了新的进展，提出了"防覆冰表面"的概念。疏水是一种材料表面的润湿功能特性，具体指液滴与表面具有较大的接触角，与表面接触面积极小，几乎不发生黏连（类似荷叶表面）。因此，理论上这种方法可以从根本上避免结冰的产生，并且在此过程中不消耗能源。这种新型的被动防覆冰技术有望大幅度降低除冰所需的能源消耗，甚至彻底避免使用技术复杂的防/除冰系统。这样一项无能源消耗的被动防覆冰措施是一种新的防覆冰系统设计思路。这种"疏水防覆冰表面"从防覆冰机理上来说可分为：①在水滴冲击阶段，让水滴与材料表面最大限度地减少接触时间，使液滴在没有结冰前迅速脱落；②在水滴结冰阶段，通过材料表面形貌的改良、改变表面粗糙度等方法让表面上积聚的液滴延迟形成冰核，或形成初期结冰后降低其冰的黏附强度，使其非常容易地实现脱离。

### 1.3.1  在水滴冲击阶段的防覆冰研究

由于极低的接触角滞后现象，水滴冲击超疏水特性表面将会导致水滴的收缩和回弹。利用这个现象，即使表面周围环境温度低于冰点，疏水特性表面也可以利用液滴的动态演化过程防止结冰。Mishchenko 等在基板倾斜角为 30°、环境温度在-5～60℃和表面温度在-30～20℃的实验条件下，研究过冷水滴形态及尺寸对亲水和疏水特性表面上冰形成的影响。研究结果表明，在疏水特性表面上冰的形成，很大程度上取决于疏水特性表面的温度，与过冷水滴的大小无关。当表面温度高于-25℃时，水滴可以在疏水特性表面上冻结发生之前完全回缩，但是在光滑的表面则很快就会形成冰核，出现结冰现象。针对结冰现象，Bahadur 等提出了一个对于水滴冲击超疏水特性表面后，水滴与材料表面接触时间、热量转换和冰成核理论相结合的结冰模型，这个模型将水滴冲击疏水特性表面的多个动态过程整合为一体。在这个模型中，当水滴撞击具有微结构的材料表面时，在微结构的顶端开始形成冰核，导致冲击水滴的回缩力减小，造成水滴的不完全回缩甚至水滴在表面完全冻结。如果水滴与材料表面接触时间小于冰成核的时间，那么水滴将不会发生冻结。Alizadeh 等在不同温度条件下对化学修饰后的光滑及粗糙疏水特性表面的水滴冲击动力学进行了研究。研究结果也表明，材料表面温度会影响水滴与表面撞击后的扩散与收缩过程。在相似的研究中，Tanmoy Maitra 等进行了极冷水滴对具有微纳结构的超疏水特性表面的冲击动力学研究，通过对冲击后水滴在超疏水特性表面形成图案的分析，可以得到水滴浸入微纳结构内部的情况。研究结果表明，与室温条件相比，低温情况下水滴更容易浸入微纳结构内部产生结冰现象，这也是微纳结构形貌会对防覆冰效果产生明显影响的重要原因。虽然可以通过促进撞击水滴弹跳使其脱落来快速减少冰成核的时间，但在静态条件下，通过表面形貌和化学改性来延迟冰核的形成也是必不可少的方法。目前，有许多研究团队发现，在具有微纳结构的疏水特性表面上可以延迟冰成核时间，还发现如果拥有纳米粗糙度的疏水特性表面会对冰成核时间有很大的影响，而且具有微米与纳米相结合的分层微纳复合结构会进一步影响冰成核的时间。例如，Cao 等利用纳米颗粒和聚合物的复合涂料在金属铝表面实现了疏水特性，直径为 20nm 的颗粒与直径为 100nm 的颗粒进行对比发现，直径为 20nm 的颗粒与直径为 100nm 的颗粒相比拥有较低的冰成核概率。同时通过与原始金属铝表面的实验对比，证明了疏水特性表面具有优异的抗结冰性能，且其抗结冰性能与纳米颗粒的尺寸有关。利用优化参数制备的表面，可以有效避免-20℃的过冷水在表面的结冰。此外，经过一系列表面的化学成分分析及形貌观测，Eberle 等进一步从实验上研究证明了，具有纳米粗糙度与微米粗糙度相结合的微纳结构样品表面可以更有效延迟水滴冻结时间。在-21℃时，这种微纳复合结构的疏水特性表面可将液体冻结时间推迟 25h。

### 1.3.2　在水滴结冰阶段的防覆冰研究

从当前发展现状来看，虽然研究人员在防覆冰前期的水滴冲击阶段做了很多实验研究，也找到了多种防止水滴结冰的策略。但是在一些极端空气条件下，经过水滴冲击阶段后，液体因为周围气温过冷、脱离速度过慢、液滴体积过大等原因而没有回弹或离开表面，疏水特性表面依旧还是会发生结冰现象。假设初始水滴结冰形成了冰滴并且没有得到及时清除，冰滴就会快速积累生长成对安全造成威胁的冰层。这时，如果冰滴与表面的结合能力（冰黏附强度）不强，飞机飞行中伴随周围风力作用就会将其自动清除。从冰黏附强度形成机理分析，在物理角度，其为单位面积上的冰黏附力，主要来源于冰与物体表面形成的范德华力和静电相互作用力。由于冰表面的电荷无时无刻不在与固体表面的感应电荷相互作用，所以静电相互作用的理论可以作为形成冰黏附强度的主要机制。从化学角度来看，大多数固体表面上都会存在羟基，而在羟基表面通过与氢键的相互作用也可以增加冰黏附强度。

从目前情况来看，对于怎样减少冰黏附强度，可以通过多种实验进行验证。Adam J. Meuler 等人经过对光滑钢板与其余 21 种带有不同润湿功能特性涂层的光滑钢板测量冰黏附强度，得出了平均强度以及与接触角的关系，接触角越大其相应的冰黏附强度便越小。Ling 等通过激光制备编织不锈钢网以及多层碳纳米管覆盖钢网的微纳结构，并且编织的不锈钢网表现出最佳的防覆冰性能，相比于抛光的不锈钢表面，减少了 93%的冰黏附强度；而相比于未经过处理的金属表面，形成了具有方形微柱类型微结构的超疏水特性表面，同时表现出了较高的冰黏附强度，增加的冰黏附强度高达 67%。Yong 等在大气环境下的化学疏水薄膜防覆冰性能的研究中也发现，表面形貌在降低冰黏附强度中起到了重要作用。He 等通过等离子刻蚀与电化学腐蚀方法在硅表面制备了多种微纳结构，研究了结构形貌对其表面冰黏附强度的影响规律。实验结果表明，微、纳双尺度的微纳结构更有利于降低冰黏附强度。因此，如何优化表面形貌也是降低冰黏附强度的重要研究内容之一。为了更好地研究结冰现象，就需要测量水滴凝结后表面的冰黏附强度，研究人员采取了多种方法，典型的有以下几种：Jellinek 等首先在容器内冻结一定体积的冰柱，然后通过测力探针去推动冰柱，当冰柱被推动时，测力探针显示的值就为冰黏附力数值，再除以冰柱横截面积便得到了冰黏附强度的数值；Laforte 等将水滴冻结在离心机上形成冰柱，然后启动离心机，冰柱从离心机上脱落时的离心力的值便为冰黏附力的数值，进而获得冰黏附强度；Dou 等通过化学涂层法制备出了疏水特性表面，并且通过可控温度与风速的风洞进行风阻力模拟，对结冰冰块进行实验，当冰块被风吹动时，此时风对于冰块的压力值可以认定为冰黏附力的数值。虽然目前对于冰黏附强度测量的方法很多，但不同方法测量的冰黏附强度数值存在差异，始终缺少一个标准化的方法去表征，因此未来研制标准化的实验室冰黏附强度测量设备也是一个重要的研究方向。

利用"疏水防覆冰表面"是一种有效的被动防覆冰技术，它凭借自身较高的接触角和较低的滚动角可以减少水滴与材料表面的接触面积，从而延长结冰的时间，也因为其低黏附的特性，可以使水滴滴落在材料表面后很轻易就会产生回弹或滚落。因此，"疏水防覆冰表面"在被动防覆冰方面有着广阔的应用前景。

## 1.4　润湿功能特性微纳结构的沸腾传热应用研究

### 1.4.1　沸腾传热机理分析的发展

活性核化点密度与毛细效应对沸腾传热性能有着显著的作用。表面结构形貌与材料化学性质决定了表面的润湿功能特性。润湿功能特性又直接影响沸腾传热过程中活性核化点密度的大小，同时合适的表面几何形貌可以为沸腾传热过程提供毛细效应。因此除了流体本身性质影响外，表面结构形貌和润湿功能特性是优化沸腾传热性能的两个关键因素。

除了直接获取热学数据来衡量沸腾传热性能外，利用沸腾传热过程中随时间变化的气泡动力学特性，也可以间接反映界面换热量并解释界面处的沸腾传热机制。这种方法可以从实验方面直接观测沸腾过程中气泡与流体的运动，也可以借助数值仿真进一步探究气泡影响沸腾传热过程的内在机理。针对越来越复杂的界面沸腾传热情况，科学家们根据实验结果总结了许多沸腾传热机理，经典的有微液层理论、热干点理论、气泡扰动以及多维界面效应等。P. Sadasivan 等提出微液层理论，根据沸腾条件下气泡的脱离过程建立了一种简单的物理模型，利用该模型能很好地解释气泡运动对于沸腾传热过程的影响。得出结论是临界热流密度（CHF）并不是气泡脱离后（对应的时间节点）达到的，而是在气泡脱离之前，近似为在气泡底部和加热表面中间还会存在有一层流体液层用以热传输，液层会随着时间慢慢蒸干，而气泡在成形后会慢慢脱离，在这两个过程的时间尺度控制与制约下，界面热流密度才会达到 CHF 值，也就是说微液层的蒸干时间与气泡的悬停时间共同决定 CHF 的到达时间与数值大小。研究人员得到了微液层有效厚度 $\delta_e$ 的基本分析公式，即

$$\delta_e = r_b \left\{ \cos\theta - \frac{\pi}{12} \left[ 3\cos\theta - \cos\theta^3 \right] \right\} \quad\quad (1\text{-}1)$$

式中：$r_b$ 为气泡半径；$\theta$ 为接触角。式（1-1）在空间尺度上给出了气泡与液层的制约关系。

2006 年 T.G. Theofanous 等提出了热干点理论认为，在加热表面活性核化点处沸腾产生气泡的脱离过程中，气泡的脱离意味着固体表面有部分热量以气泡脱离的方式传输出去，此刻固体表面的再次润湿将不会发生，也就是周围流体不会补充到脱离气泡点来换热，这个位点也就是热干点，热干点的抑制再润湿就会导致此处有高热流密度的热传输。一般情况下，亲水表面会有利避免这种高热流密度点处液体的蒸干现象，原因是亲水表面具有强的毛细传输特性，液体能很快地在表面流动换热，能及时补充液体到由于气泡脱离所导致的高热流密度的蒸干点处。微液层理论与热干点理论在一定程度上可以很好地解释表面热对流换热现象。

### 1.4.2　激光制备微纳结构的沸腾传热性能研究

目前典型的微纳结构加工方案有：基于光刻的加工方案、微纳结构纳米管纳米线的组合堆积生长方案以及基于微纳米颗粒的自组装方案等。近几年随着激光制备微纳结构技术的逐渐成熟，有研究组将这种激光制备的微纳结构应用到沸腾传热领域，发现微纳结构对沸腾传热性能有明显的增强效果。

2015 年 M Zupančič 等利用 Nd：YAG 激光器的 1064nm 激光得到了超亲水通道与疏水点矩阵相结合的双亲复合表面，实验发现当疏水点尺寸越小时，沸腾气泡直径越小，脱离频率越快。相较于全疏水特性表面，这种激光作用形成的双亲表面避免了沸腾气泡而形成气膜，具有良好的沸腾传热性能。由此可见激光加工与化学相结合制备的表面疏水特性变化可以对沸腾传热性能产生影响。同年 Corey M. Kruse 等首次研究飞秒激光制备的多尺度微纳结构提升金属表面沸腾传热性能，具体工作为：利用飞秒激光微纳制备技术对 304 不锈钢进行表面处理，并对 CHF 和传热系数（HTC）进行了测量。其 CHF 与 $HTC_{max}$（最大传热系数）都比没有经过激光处理的 304 不锈钢表面有很大提升，表面丘状微纳结构有助于 CHF 的增加，结构形貌与气泡活性核化点密度对 HTC 有影响。虽然给出了微纳结构表面的沸腾传热实验数据，但是飞秒激光制备微纳结构技术在沸腾传热过程中是如何影响沸腾传热性能的，机理上还有待研究。选择沸腾传热的基底材料同样是很重要的一个环节，机械强度好坏、抗高温能力强弱、性价比高低以及应用范围等都是选择沸腾传热基底材料所要考虑的因素，目前看来金属与硅的力学性能、传热性能、应用范围相较于陶瓷晶体以及聚合物等都有优势，被广泛应用于沸腾传热的实验研究。

### 1.4.3　微纳结构形貌对沸腾传热性能的影响

微纳结构形貌是影响沸腾传热性能的原因之一，2001 年 Masahiro Shoji 等制备了 3 种不同形状的凹穴结构，即圆锥、圆柱和凹角槽。实验发现锥形结构需要很高的温度波动才会产生连续的气泡，而圆柱与凹角槽则不然，它们只需很小的过热度就会有持续而稳定的气泡形成，并且结构尺寸的大小也会影响气泡的形成，这为以后微纳结构形貌如何影响沸腾传热性能提供了研究思路。Chih Kuang Yu 等在 10 mm × 10 mm 的硅表面上制备了不同形貌参数的柱形微腔，包括外口直径（200μm、100μm、50μm）、深度（200μm、110μm）、分布间距（100μm、200μm、400μm）共 18 种结构表面进行沸腾传热实验。研究结果表明，HTC 会随着微腔密度增加（分布间距减小）而增加，但是密度越高越会对 CHF 有所限制；在非低热流密度的情况下，大的微腔直径对热流有着超前的衰退，这也就导致大的微腔直径有着更低的 HTC；微腔深度的增加导致 HTC 很快下降，原因可归结为腔内流动阻力的存在抑制液体进入微腔内对热干区域进行再润湿。在微腔中，开口直径、深度、分布间距对于沸腾传热性能都有着显著影响。孔腔的存在与否决定活性核化点的存在，活性核化点密度与沸腾传热性能又紧密相关。C.Hutter 等在硅表面上制备出了柱形的孔腔，开口的直径为 $10\mu m$，深度分别为 $40\mu m$、$80\mu m$、$100\mu m$，他们对这些表面沸腾传热过程分析的结果表明，活性核化点的存在决定了沸腾初始过热度，而过热度又与气泡脱离直径、气泡维持时间（气泡从产生到脱离界面的时间）相关，在这一系列影响过程中发现，演化规律仅与表面孔腔的存在有关，具体的孔腔深度以及气压对液化规律几乎没有影响。有些情况下活性核化点的存在与否对于沸腾传热性能有着至关重要的影响。Z.Yao 等利用电化学沉积法直接在硅表面生长了不同高度的铜纳米线，以铜纳米线高度为研究变量，发现铜纳米线高度的增加影响着铜纳米线阵列表面的沸腾传热性能的增强，最理想结果是铜纳米线在最高 $35\mu m$ 的情况下，过热度 24K 时得到热流密度最大为 $134\,W/cm^2$，这个值几乎是同样过热度硅表面热流密度的 3 倍，并指出这种铜纳米线高度参数影响传热性能趋势不受铜纳米线材料的影响，其原因是纳米线高度的增加提供了更多、更稳定的活性核化点，这是影响沸腾性能很重要的原因。Lining Dong 等研究了微米柱、微米孔、纳米线以及纳米孔表面对于乙醇流质过冷饱和沸腾传热性能的影响，发现不同尺度的结构形貌沸腾传热性能有很大的不同，利用气泡动力学过程对结构的传热过程进行了辅助分析，他们发现对于微米结构，当在低热流密度范围内时，微米结构增加了有效传热面积与活性核化点密度，正因为如此，微纳结构比较其他结构在低过热度情况下更容易产生核化沸腾，热流密度也会随着活性核化点密度增加而增大，但这只是限制在小热流密度范围内。随着热流密度的增加，对比微米结构，纳米结构表面开始对热流密度的增大越来越有利，观察到纳米结构可以通过纳米尺度的毛细传输效应减小气泡脱离表面时的尺寸，并且有着更快的脱离频率，气泡不容易合并在一起。相对于微米结构表面可以抑制表面在高热流密度时形成气膜层，有助于表面沸腾危机的推迟。从上面的研究可以看出，不同尺度形貌的表面沸腾传热机制与性能有着区分性，微米结构与纳米结构有着各自主导沸腾传热过程的方式。Seol Ha Kim 等利用微机电系统在硅表面制备不同形貌参数的微纳结构，并对其沸腾传热性能展开研究，发现具有微纳结构的表面 HTC 比未经处理的原样品表面要高出 300%，CHF 提高了 350%，他们分析原因后认为，这种增强效果是由于表面粗糙度延展了沸腾传热过程中传质接触面积，进而提高了换热能力。此外还发现间隙尺寸带来的毛细效应再润湿也有助于提高换热能力。值得注意的是，这种间隙尺寸到了 $10\sim20\mu m$ 时会对 CHF 有延缓效果。

### 1.4.4 粗糙度与间隙尺寸对沸腾传热性能的影响

对于粗糙度对沸腾传热性能的影响，Jinsub Kim 等将粗糙度产生的毛细效应影响沸腾传热性能用经验预测公式进行了拟合对比分析，他们用砂纸在金属铜表面处理得到不同平均粗糙度（0.041μm、0.057μm、0.114μm、0.997μm、2.36μm）的样品表面，对这些样品进行沸腾传热实验，发现随着粗糙度的增大 CHF 显著增强，尤其是平均粗糙度为 2.36μm 的样品，其 CHF 是平均粗糙度为 0.041μm 样品的 2 倍，可达到 $1625\,\text{kW/m}^2$。粗糙度对于沸腾传热性能的提升明显，他们分析认为，虽然润湿功能特性随粗糙度变化会有微变，但是粗糙度存在导致的界面毛细效应（流体向热干点处的再润湿补充）应该是影响沸腾传热性能显著提升的主要原因。为了验证这一点，他们对 Rohsenow 关系式中的 $C_{sf}$ 系数基于毛细效应进行了修改，发现修改后的 CHF 模型与实验结果吻合度高（4%的误差）。这表明了整体形貌参数粗糙度与表面流体再润湿现象毛细效应共同影响着活性核化点特性，增强了沸腾传热性能。

### 1.4.5 润湿功能特性微纳结构对沸腾传热性能的影响

除了微纳结构形貌影响沸腾传热性能外，由于沸腾传热过程中液相与气相转换的关系，有关界面流体流动的传热与润湿功能特性微纳结构也紧密相关。B. Bhushan 等分析由于超亲水特性表面对于水的高亲和力，当水与超亲水特性表面接触时，导致表面张力会带动水的传输，使水在固体表面迅速摊开，这为沸腾传热边界处流体的换热方式提供了解释依据。R.Chen 等利用电化学腐蚀与电镀技术在硅上沉积铜纳米线得到超亲水的微纳结构，发现这种超亲水特性的表面对于沸腾传热性能有着显著的增强效应（CHF 与 HTC），他们得出的结论是亲水特性带来的流体表面张力的增强与纳米线带来的成核密度的增加共同导致了沸腾传热性能的增强。

活性核化点密度会影响传热，疏水特性表面易成核，同时核态沸腾后会使成核数减少，这样导致 HTC 可能增加，但会降低整个沸腾传热过程中的 CHF 值。研究疏水特性表面便是研究不同润湿功能特性对沸腾传热性能优化的分析，疏水与亲水特性的组合优化传热性能。早在 1993 年 C.H. Wang 等就得出接触角与沸腾传热特性的关系，主要通过一个经验公式接触角与活性核化点密度关系式来表明这种关系：$N_a = (1 - \cos\theta)D_c^{-6}$，其中 $D_c$ 为表面空穴处直径。表面接触角 $\theta$ 越小，表面越亲水，同样活性核化点密度 $N_a$ 会越小，不利于气泡产生，反之疏水特性表面活性核化点密度会越高。中国科学院 Li-Xin Yang 等利用等离子体浸没离子注入制备出黑硅表面，研究这种黑硅表面的润湿功能特性与沸腾传热性能的关系，低热流密度时因为表面核化数目增加使 HTC 也有所增加，但是当高热流密度时由于润湿功能特性下降 HTC 就被抑制，这种结果与理论也是相符合的。

超亲水特性表面对于沸腾热传输性能的提升主要集中在对于 CHF 的增强方面，沸腾初期由于活性核化点密度较少，双相潜热缓慢，低热流密度时亲水特性表面比疏水特性表面产生泡核沸腾需要更高的界面过热量。而疏水特性表面亲气，此刻由于高核化密度的原因在沸腾初期热流密度明显增强，疏水特性表面具有低的水黏附力与摩擦阻力，科学家们最后结合亲水的再润湿优势与疏水的成核优势做出了亲疏水结合的双亲表面，并且研究了这种复合表面的沸腾传热性能。Amy Rachel Betz 等利用光刻技术在二氧化硅亲水表面形成 Teflon 疏水网格，发现这种网格表面在沸腾传热实验中对 CHF 与 HTC 这两个对流传热参数都有明显提升，其中亲水网格因为可以抑制气膜形成，所以这种传热增强尤为明显。这个研究可以很明确地发现疏水特性表面与亲水特性表面对沸腾传热效果影响的不同。HangJin Jo 等在不考虑表面粗糙度的情况下，利用 MEMS 技术制备微纳结构表面，与 Betz 等一样采用二氧化硅基底附加光刻 Teflon 疏水点制作双亲表面，得出双亲表面沸腾传热性能的增强，同时对于沸腾传热的机理进行了很好的分析。Amy Rachel Betz 等以硅为基底，利用深反应离子刻蚀技术在硅表面制备出随机分布的纳米结构，氧等离子反应刻蚀达到超亲水，然后再利用疏水聚合物涂层光刻蚀技术得到超亲水特性表面上覆盖的超疏水特性表面结构，组合出疏水、亲水、超疏水、超亲水、双亲、超双亲特性的 6 种表面结构，对表面进行了沸腾传热实验对比。他们首先利用了 Mikic 和 Rohsenow 模型，认为上升气泡作为间歇性抽运增强表面沸腾传热性能，HTC 与材料本身特性决定着活性核化点密度，气泡脱离直径和气泡脱离频率。他们在实验中发现，小的过热量时疏水面会更容易产生核态，大幅提升 HTC，但当 CHF 达到一定范围后就会导致疏水特性表面有很强的趋势形成气膜，这样热传递由疏水面水的传输换热变成部分隔着气膜传热延缓 CHF。当气膜形成后，HTC 因为活性核化点密度被接触直径所限制而减小。反观亲水面，大的过热量会有高的 HTC，对于双亲面将模型公式修改理论实验分析基本吻合。

表面润湿功能特性对于沸腾传热性能的影响是不能与表面形貌参数分离开而单独讨论的，Hangjin Jo 等在亲水的硅表面覆盖分布 500 nm 厚的不同直径、间距、数目（密度）的二氧化硅疏水点，研究这些空间参数以及表面整体的面积比对 CHF 与 HTC 的影响规律。研究发现，除了疏水点数目外，表面疏水点的直径、点间距以及面积比均影响着 CHF。同时，对于 HTC 来讲，唯独面积比的影响是可以忽略的。综上结果，可从增加疏水点数目与减少面积比来优化表面沸腾传热性能。这种研究是建立在亲疏水特性表面基础上的形貌分析。由此可见，影响沸腾传热性能的因素是多样且复杂的，对于沸腾传热过程的全面分析需要将各种条件综合起来考虑。

## 1.5　温差发电的研究历程及在太阳能领域的应用

### 1.5.1　温差发电的起源和发展

　　早在 1821 年，德国物理学家 Thomas Seebeck 把两种不同的金属导线相互连接在一起，使其组成一个回路，当接通电流时发现两端的温差产生了电势。尽管当时塞贝克未能就这一现象给出正解，但这一现象的发现以及塞贝克清晰的阐述为后来的温差电现象研究打下了坚实的基础。直至 1834 年，研究这一现象的著名物理学家 Jean Peltier 又发现了这样一个物理现象：当电偶由两种不同的导体连接而成，并且接入直流电源，在电流通过的瞬间，接头两端的温度就发生了变化，一端变冷，另一端变热。但他也没能分析出产生这一现象的本质原因，也没有意识到这与塞贝克效应间存在着一定的关联。此后很长一段时间，人们都认为这一现象只是表面作用。直至 1856 年，来自英国的物理学家 Thomson 以他自己所创立的热力学理论对塞贝克效应以及帕尔帖效应进行了系统的分析与总结，并预言了汤姆逊效应。自此之后其起因及规律才逐渐被人们所了解。这一理论的提出为温差电研究带来了历史性的突破。这也为之后所提出的温差电理论以及整个热力学领域的发展奠定了坚实的基础。20 世纪 30 年代，来自法国的物理学家 Lars Onsager 建立了非平衡热力学体系，并且推导出了汤姆逊效应。以上理论构成了温差电理论中起主导作用的 3 个重要效应，即塞贝克效应、帕尔帖效应以及汤姆逊效应。

　　在汤姆逊效应提出之后，温差电再次激起了人们的兴趣。伴随固体物理领域的不断壮大与发展，半导体材料塞贝克系数可以达到 100μV/K 以上。苏联科学家提出了基于半导体的温差电理论，并做了大量相关工作，同时，具有较好温差电性能的发电及制冷材料也相继发现。直至今日，这些材料仍是温差电材料中的重要组成部分。此后，科学研究者们为提高材料性能做了大量研究，同时也对新材料的研发进行了深入探索。基于温差电理论温差发电器件的研制以及应用具有了显著的突破。

　　苏联在 1942 年成功地研发出第一组温差发电器件，但其发电效率还不到 2%。20 世纪 60 年代温差发电技术进入真正的发展阶段，把温差发电纳入实用领域，设计了转换效率可以达到 5%的温差发电供电装置，并陆续投入到航天以及军事领域使用。在航天领域，研制出放射性同位素温差发电器，一小块热源就能连续提供几十年的电。在军事领域，温差发电器件同样起着重要作用。20 世纪 80 年代美国成功研制了 500~1000W 的军用温差发电系统，并投入使用。该系统可在深海中向无线电信号装置提供电能，其工作深度长达 10km，有着大于 1W 的功率以及超过 10 年的长寿命。在工业上，温差发电同样扮演着重要角色。随着人类社会的不断发展与进步，在生产过程中产生大量余热。一些工业用热机燃料 50%以上产生的能量都浪费掉了。把这些生活生产中所产生的余热废热进行有效利用，将节约大量的现有能源。也可以利用汽车排放的尾气以及发动机的余热来为汽车提供电源。日本已经成功研制出输出功率为 100W 的小型温差发电系统用于汽车尾气发电，美国也紧随其后，研制出用于大货车的温差发电系统，其输出功率可达 1000W。采用热电转换系统代替原有的热机系统发电，在降低成本的同时，从能源的角度也有了巨大的改善。

### 1.5.2　太阳能温差发电的研究概况

　　除了这些人类生产生活产生的余热、废热外，大自然给予人类的太阳能辐射热、海洋温差热等都可以成为理想的热源。一种用于屋顶的太阳能温差发电装置引起了科研工作者的广泛关注，在屋顶设置了热电转换器件，利用金属铜板来吸收太阳能的辐射热，从而加热热电转换器件的热端，使其具有较高温度，并且与冷端产生温差进行发电，在周围温度为-30～35℃时，$800W/m^2$ 的辐射强度下，可以在单位面积产生 1.2W 的电功率。这一装置除了可以带动轴流式风动机来引起室内上方空气形成对流，使屋顶的温度下降，还可以储存能量在夜晚使用，在节能环保的基础上，有效地降低了室内温度，促进室内空气流通，对于气候炎热的国家及地区，无疑是最佳选择。Taek Yong Hwang 等利用飞秒激光对金属铝表面进行辐照，使得在微观上金属铝表面呈现出微米沟槽结构，并且其上附着了大量的纳米絮状结构，由于这些微纳结构的存在使得金属铝表面的反射率有了显著的下降，在紫外及可见光区域下降到 4%～7%，红外区域下降到 7%～40%。他们采用 3 个由热电器件组成的温差发电模块来做对比，研究金属铝沟槽结构样品对于温差发电的光电转换效率的影响。实验结果表明，在相同的光照环境下，使用了金属铝沟槽结构样品的温差发电模块的输出功率是未经处理金属样品的 4～9 倍。陶海岩等利用飞秒激光在金属铝和金属镍表面进行了光吸收和超疏水自清洁多功能集成的微纳结构制备，在飞秒激光处理过的金属铝和金属镍表面接触角分别超过 155°和 161°，并同时兼备优良的光吸收特性。实验结果表明，相对于未经处理的金属铝箔表面发电输出功率可提高约 12 倍。同时，多功能集成的功能性微纳结构可以有效解决户外太阳能设备表面的清洁保养问题，从而真正实现太阳能温差发电的长时间无需维护的独特优势，具有重要的应用意义。

# 第2章　飞秒激光制备微纳结构及其润湿功能特性研究

## 2.1　润湿功能特性微纳结构形成机理

液体对固体的润湿作用涉及固体、气体和液体三相界面，通过水滴在样品表面接触角的大小及接触方式来界定样品的润湿功能特性。本节对接触角、疏水特性等概念做了简要介绍，并对固体表面形貌与接触角之间的关系进行了简要讨论。

### 2.1.1　润湿功能特性的表征

水在固体表面的铺展能力也是固体自身性质的一种体现。通常用静态表观接触角（图 2-1）以及前进接触角与后退接触角之间的差值（即接触角滞后）来描述水滴在固体表面的浸润状态。液体与固体接触时，从固体、液体、气体 3 相交点出发，它的接触角即液体–气体之间的切线与固体–液体之间的夹角 $\theta$；这个夹角可以用来描述 3 种界面张力相对平衡的状态，它的值越小表示液体越容易浸润固体表面，反映了液体对固体表面的浸润程度。通常人们将接触角 $\theta<90°$ 的固体表面称为亲水特性表面，当 $\theta<5°$ 的情况时，固体表面为超亲水特性表面；对于接触角 $\theta>90°$ 的固体表面，通常称其为疏水特性表面。对于接触角 $\theta>150°$ 的情况，则称其为超疏水特性表面（或称这样的表面具备超疏水特性）。

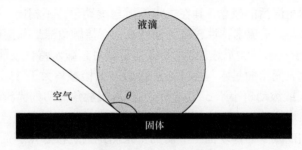

图 2-1　接触角示意图

随着研究的深入，人们发现液滴在一些固体表面的接触角虽然大于 150°，但是当固体竖立或是反转时液体仍然会附着在它的表面，液体不会脱落，比如附着在红玫瑰花瓣上的水滴就不易滚落。在实际生活中，液体的动态特性在挡风玻璃和固体表面的自清洁等应用方面要求更高。在这一认识之上，人们意识到用表观接触角来标定超疏水特性表面过于狭隘，它只单一地考虑了静态角度，需要再将动态方面考虑其中时定义超疏水特性表面才更准确。

如图 2-2 所示，液滴的形状随着水平放置的固体结构一端缓慢上升而发生改变，当倾斜到一定程度时，液体会滚落。在其行进过程中，针对当前结构其与液体及气体之间的前接触点，对应的接触角称为前进接触角。相对应地，将其后接触点称为后退接触角。通常情况下，当前结构的前进接触角要相对于后退接触角较大。它们的差值($\theta_a - \theta_r$)称为接触角滞后，其值越小表面液体越易滚动，它是表征液体在固体表面流动性能的重要动态参数。固体表面缓慢倾斜到一定程度时，固体表面与水平面之间的夹角刚好达到液体开始滚落所需要的最小倾斜角度，这个倾斜的角度即称为滚动角。Furmidge 研究团队在1962 年发表的文章中指出，对于滚动角、前进接触角及后退接触角 3 者关系，其表述为

$$mg \sin \alpha = w\gamma^{la}(\cos\theta_r - \cos\theta_a) \qquad (2\text{-}1)$$

式中：$m$ 为表征当前液滴的质量；$w$ 为液–固所接触面积的直径；$\gamma^{la}$ 为液–固之间的自由能，即表面张力。结合式（2-1）中的物理意义可以看出，其接触角相对滞后时，对应的滚动角也相对较小。从而可以看出，当采用滚动角对其进行描述时，可以有效地对当前结构的接触角滞后程度进行表征。

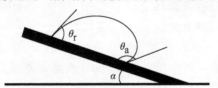

图 2-2　滚动角与接触角滞后（$\theta_a - \theta_r$）示意图

对于接触角滞后的概念，其在学术领域与滚动角并不相同，但针对同一固体结构而言，尤其是疏水特性较高的固体表面，接触角滞后和滚动角在数值上较为接近。基于动态性能描述的需要，人们重新对超疏水特性表面进行了定义，即超疏水特性表面指的是水与固体表面接触时的接触角大于 150°，接触角滞后小于 10°（或滚动角小于 5°，理论上要求接触角滞后约为滚动角的 2 倍）的表面。按照这样的标准，上述的红玫瑰叶面也就不归属于超疏水特性表面。一般采用增加或减少固体表面上液滴的量来测定前进接触角和后退接触角，或者通过匀速拖动水平基片使液滴的前后接触角发生改变的方法测定，由于其测量过程较为繁琐，其值误差也较大，所以一般采用滚动角（结合静态表观接触角）来表征固体表面的疏水特性。

### 2.1.2　润湿功能特性的理论模型

1805 年，为了研究固体表面的润湿现象，在固体表面为理想的刚性光滑表面（固体组成均一、无限平坦且光滑）的前提下，托马斯·杨首次对其进行了公式化阐述，即 Young 方程，方程对固体结构的润湿功能特性现象解释提供了理论依据，为后续该领域发展奠定了基础。他认为，理想刚性固体表面上的液滴保持平衡时，气体、液体、固体 3 相界面之间的表面张力相互平衡。从力学平衡条件出发，Young 在水平方向上得到了液滴的平衡方程，即

$$mg\sin\alpha = w\gamma^{la}(\cos\theta_{Y} - \cos\theta_{a}) \tag{2-2}$$

图 2-3 中，$\theta_{Y}$ 为所设定模型中水滴在固体表面的平衡接触角，即本征接触角；$\gamma^{sa}$、$\gamma^{sl}$、$\gamma^{la}$ 分别为固体-气体、固体-液体、液体-气体界面张力。

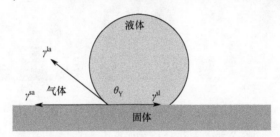

图 2-3　无限平坦且组成均一的理想刚性光滑表面上保持平衡的液滴

固体表面在 Young 模型要求的前提下，它的疏水特性与表面形貌无关，仅仅受到外界条件和自身化学组成的影响。但是，在现实生活中并不存在绝对光滑的固体表面，所以通过 Young 方程计算所得的接触角存在一个由表面形貌引起的误差。Wenzel 认为带有缺陷的固体表面，其粗糙结构增加了真实表面积，使得实际固体-液体接触面积大于表观几何接触面积，据此，Wenzel 提出"粗糙度因子"概念用来修正 Young 方程。理想固体表面接触角与粗糙固体表面不同，这是因为材料表面的粗糙结构改变了气体-固体界面张力和液体-固体界面张力对体系能量的影响。当液体在粗糙固体表面保持平衡时，假设液滴时刻填满粗糙表面的凹槽（图 2-4（a）），这时液体-固体的真实接触面积将大于表观接触面积。在恒压、恒温平衡状态下，根据体系自由能的变化和虚功为零原理，Wenzel 得到以下方程，即

$$\gamma^{la}\cos\theta_{W} = \Upsilon(\gamma^{sa} - \gamma^{sl}) \tag{2-3}$$

式中：$\theta_{W}$ 为平衡（表观）接触角，称为 Wenzel 接触角；$\Upsilon$ 为固体表面的粗糙度因子，它是粗糙表面固体-液体真实的接触面积与表观（几何）接触面积之间的比值，且真实接触面积总大于表观接触面积，所以粗糙度因子大于 1。根据式（2-2）和式（2-3）可得：

$$\cos\theta_{\mathrm{W}} = \Upsilon \times \frac{(\gamma^{\mathrm{sa}} - \gamma^{\mathrm{sl}})}{\gamma^{\mathrm{la}}} = \Upsilon\cos\theta_{\mathrm{Y}} \qquad (2\text{-}4)$$

由式（2-4）可知，当固体表面亲水时，$\cos\theta_{\mathrm{W}}$ 与粗糙度成正比，所以 $\theta_{\mathrm{W}}$ 减小，粗糙度的增加会使原本亲水的表面更加亲水。当固体表面疏水时，$\cos\theta_{\mathrm{W}}$ 与粗糙度成反比，所以 $\theta_{\mathrm{W}}$ 增大，粗糙度的增加会使原本疏水的表面更加疏水。粗糙度在 Wenzel 模型中起到了放大润湿效果的作用。但是，液体与固体表面处于非复合润湿状态时，由于液滴完全进入凹槽内部，所以需要克服较大的势垒才能滚动，如果液滴的振动能不足以克服这个势垒，液滴就不会滚动。所以，在固体表面的液滴处于 Wenzel 模型时的接触角滞后和滚动角都相对较大。

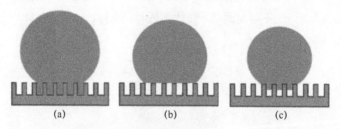

图 2-4　液滴在固体表面接触的 3 种模型

（a）Wenzel 模型；（b）Cassie 模型；（c）过渡态模型。

当固体表面由多种不同的化学物质组成时（即异质表面），Wenzel 模型不再适用。Cassie 和 Baxter 在 Wenzel 模型的基础上，假设微观粗糙结构不均匀的固体表面，且要求每处单位面积上的成分分布均匀，并认为液滴与固体表面处于"复合接触"状态，即滞留在凹槽内部的空气阻碍了液滴完全进入凹槽，导致液滴与固体表面不能完全接触，如图 2-4（b）所示。这就使得只有液滴与固体之间的接触变为液滴的一部分与粗糙的固体接触，而另外一部分则与凹槽内部的空气接触。在温度与气压恒定的条件下，用热力学对液滴进行分析，同样根据系统自由能的变化和虚功为零的原理得到 Cassie-Baxter 方程，即

$$\cos\theta_{\mathrm{C}} = f_1\cos\theta_1 + f_2\cos\theta_2 \qquad (2\text{-}5)$$

式中：$\theta_{\mathrm{C}}$ 为 Cassie 接触角，即为复合接触模型中的本征接触角；$\theta_1$、$\theta_2$ 分别为液滴在两种介质构成的同质光滑表面的本征接触角；$f_1$、$f_2$ 分别为单位表面积中两种介质各自所占的比例，且 $f_1 + f_2 = 1$。对于具有超疏水特性的粗糙表面而言，水滴除了与固体表面接触外，还与滞留在凹槽内部的空气接触，所以式（2-5）可变为

$$\cos\theta_{\mathrm{C}} = f_{\mathrm{s}}\cos\theta_{\mathrm{s}} + f_{\mathrm{a}}\cos\theta_{\mathrm{a}} \qquad (2\text{-}6)$$

式中：$\theta_{\mathrm{a}}$、$\theta_{\mathrm{s}}$ 分别为水滴在气体表面和同质光滑固体表面的本征接触角；$f_{\mathrm{a}}$、$f_{\mathrm{s}}$ 分别为气体和固体两种介质各自所占的面积分数。由于 $\theta_{\mathrm{s}} = \theta_{\mathrm{Y}}$，$\theta_{\mathrm{a}} = 180°$，

$f_s + f_a = 1$，所以式（2-6）可简化为

$$\cos\theta_C = f_s(\cos\theta_Y + 1) - 1 \tag{2-7}$$

由式（2-7）可知，复合接触面中固体所占的面积比率对表观接触角起到决定性的作用，它能减小固体自身化学成分对接触角的影响。当 $f_s$ 无限接近 0 时，$\cos\theta_C$ 将无限接近 −1，即 $\theta_C$ 接近 180°，达到超疏水状态；当 $f_s$ 无限接近 1 时，即 $\theta_C$ 无限接近本征接触角 $\theta_Y$。液滴在固体表面的接触方式符合 Cassie 模型时，可认为液滴"悬浮"在固体表面的微观粗糙结构上，它只要克服较小的势垒就能滚动，而此时的滚动角与接触角滞后都相对较小。

Bico 等将表征非复合润湿状态的 Wenzel 方程与表征复合润湿状态的 Cassie-Baxter 方程结合起来，从中得到介于复合与非复合润湿状态之间的临界接触角，即

$$\cos\theta_C' = \frac{1 - f_s}{\gamma_f f_s - \gamma} \tag{2-8}$$

式中：$\theta_C'$ 即为临界接触角，通过它可以判断液滴与固体表面之间的润湿状态。

当固体表面的液滴受到挤压等外力作用时，其润湿状态会由 Cassie 模型下的复合润湿态转变为 Wenzel 模型下的非复合润湿态。Jopp 等发现固体表面润湿状体的变化也与表面粗糙结构的改变有关。而且，一些中等大小的接触角可以出现在液滴与固体表面呈现复合润湿状态中，这表明两种润湿状态（复合与非复合润湿态）能够在同种特殊的粗糙表面上共存。在复合润湿状态与非复合润湿状态之间存在一个过渡态（图 2-4（c））。Patankar 结合过渡态模型，研究了复合态向非复合态转变的过程。Li 等采用热力学的方法，从理论上证明复合润湿状态与非复合润湿状态之间的过渡态的不稳定性，最终将转变为非复合态或复合态。

### 2.1.3 微纳结构对疏水特性的影响

固体表面的润湿功能特性主要由其自身的化学材料性质以及表面的物理结构共同决定。固体表面张力（即表面自由能）对表面接触角有直接的影响，其值越大，固体与液体之间的相互作用就越强，固体就越容易被润湿。不同的物质其表面的自由能差异明显，对趋于光滑的表面，从 Young 方程中可以知道固体的化学组成对接触角有重要的作用。液体的表面张力一般低于 100mN/m，以这个值作为标准，将固体分为高能表面固体与低能表面固体。所以，固体表面可按自由能大小分为亲水特性表面与疏水特性表面。表面能较低的物质对增强其他固体表面的疏水特性有重要的作用，比如用氟硅烷类、脂肪酸类还有芳香族化合物等表面能较低的物质来改变其他固体的疏水特性，但是它们的造价较为昂贵，要将超疏水特性表面应用到实际生活中，需要从固体的组成及表

面的微纳结构方面努力。在固体表面粗糙时，从 Wenzel 方程与 Cassie-Baxter 方程会体现物质自身的影响，但是由于固体表面微纳结构的作用减小了固体表面的化学影响，这样可以通过改变固体表面结构来优化固体表面的润湿功能特性。通过改变固体表面的微观形貌来改变固体表面的粗糙度是改变固体表面润湿功能特性的重要手段。但并不是随意地增加固体表面的粗糙度就可以实现增强疏水特性，合适的微观形貌选择也是达到超疏水特性要求的重要环节。

固体表面的微观形貌不仅能影响固体表面的润湿功能特性，而且还对固体表面结构的稳定性有重要作用，微观形貌选择合适时，构成的疏水特性表面会更稳定。自然界中具有超疏水特性的植物表面微观形貌都是微纳复合的两级粗糙结构，第一级是微米量级的乳突结构，第二级则是乳突结构表面纳米量级的蜡质绒毛结构，正是这样的微纳复合结构导致了它们的优良超疏水特性。一般就通过制备这样的一级结构或是二级微纳复合结构来实现疏水特性。自然超疏水特性表面润湿系统一般都属于复合润湿系统。人工制备超疏水特性表面时，应通过合理设计表面的微纳结构让水滴和表面处于复合润湿状态以有效提高表面的疏水特性。

下面举一个简单实例，构建一种柱形阵列表面结构（柱截面边长 $a$，柱间距 $b$，柱高 $h$），如图 2-5（a）所示。$f_\mathrm{s} = (a/(a+b))^2$ 表示固-液实际接触面在复合接触面中所占的比率。

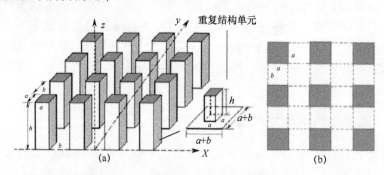

图 2-5　柱形微纳结构三维模型

（a）微柱形表面及其结构重复单元放大；（b）模型俯视图。

根据 Cassie-Baxter 方程，平衡表观接触角可表示为

$$\cos\theta_\mathrm{C} = f_\mathrm{s}(1+\cos\theta_\mathrm{s})-1 \Rightarrow \theta_\mathrm{C} = \arccos[(1+\cos\theta_\mathrm{s})f_\mathrm{s}-1] \qquad (2\text{-}9)$$

从式（2-9）中可以看出，液滴在固体表面保持平衡时，想要获得较大的表观接触角，则需要适当减小面积分数来增加微纳结构中截留气体所占的比例。通过构建二级纳米结构提高"本征接触角"，进而提高表观接触角。所以，在上述方柱结构表面构筑相同比例的柱形纳米结构。面积分数可表示为微纳结构

两个层次对应部分的乘积。根据 Cassie-Baxter 方程，平衡表观接触角可表示为

$$\cos\theta_{ca} = f_s^2(1+\cos\theta_Y)-1 \Rightarrow \theta_{ca} = \arccos[(1+\cos\theta_Y)f_s^2-1] \qquad (2\text{-}10)$$

与式（2-9）相比，式（2-10）中的面积比率减小，表观接触角提高。对于复合润湿状态，Cassie 接触角随着固–液实际接触面的升高而降低，当固-液实际接触面趋近于零时，理论上平衡表观接触角可趋近于 180°。而且，在固-液实际接触面相同的情况下，平衡表观接触角理论上随本征接触角增大而增大。这就说明：如果只单一地考虑材料的疏水特性，疏水特性强的材料更适合超疏水特性表面的制备。

## 2.2　实验装置与方法

在开始实验前用无水乙醇超声清洗样品，去除表面的灰尘油污等杂质。图 2-6 所示为飞秒激光微纳结构制备的实验装置示意图，其中包含飞秒激光器、激光能量连续衰减器、1/2 波片。聚焦透镜置于可沿激光入射方向前后移动的一维平移台上（$z$ 轴），用于控制聚焦位置 $D$（透镜与靶面的距离）。将样品固定在垂直于激光入射方向的二维平移台上，二维平移台 $x$ 轴沿水平方向，其运动速度定义为扫描速度 $v$，$y$ 轴沿竖直方向，完成每次扫描后进行下一次扫描时所移动的距离称为扫描间距 $d$。实验中，飞秒激光脉冲垂直于金属靶材表面，正入射（入射角为 0°）到靶材。利用激光能量连续衰减器控制飞秒激光放大系统输出的激光能量，通过计算机控制 $x$ 轴平移台来调节 $v$，$y$ 轴平台 t 用于调节 $d$，$z$ 轴平移台用于调节聚焦位置 $D$。整个实验过程在 1 个标准大气压下进行，相对湿度为 30%，室内环境温度为 22℃。

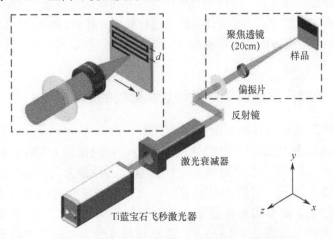

图 2-6　飞秒激光微纳结构制备实验装置示意图

图 2-7 所示为飞秒激光系统（美国 Coherent 公司 Libra），输出脉冲激光的

空间模式为 $TEM_{00}$，光斑直径为 7mm，水平线偏振（p 偏振），中心波长为 800nm、重复频率为 1kHz、脉宽为 50fs，能量稳定性小于 0.75% RMS，最大功率为 4W。利用扫描电子显微镜（SEM，图 2-7（b））对加工后的样品表面进行测量分析。润湿功能特性采用接触角测量仪进行表征。

(a)                                                (b)

图 2-7　飞秒激光系统

(a) 飞秒激光器；(b) 扫描电子显微镜（SEM）。

## 2.3　金属表面微纳结构制备及其亲水特性研究

金属钛及其合金具有良好的化学性能，具有抗腐蚀能力强、耐高低温、抗强酸强碱等诸多优点，在航空航天、军事、医学、汽车等领域有着广泛的应用。通过飞秒激光与金属钛等金属合金的相互作用，能改变其表面形貌，实现对其润湿功能特性的改善，从而增加其使用价值并拓展应用领域。本节实验采用聚焦激光扫描加工的方式，对钛合金表面进行处理并针对沟槽这种典型形貌进行优化，进一步对制备的亲水特性微纳结构进行表征和研究，并分析了亲水特性产生的机理。

### 2.3.1　飞秒激光聚焦位置对微纳结构形貌的影响

实验中所使用的样品为钛合金（TC4）：边长为 40mm，厚度为 2.7mm。在入射激光能量 0.92mJ，扫描速度 1mm/s、扫描间距 0.05mm 的实验条件下，选择不同聚焦位置 $D$ 对钛合金样品进行飞秒激光聚焦扫描加工。实验结果如图 2-8 所示，可以明显地看到，飞秒激光的聚焦位置对表面形貌的影响十分显著。随着聚焦位置即透镜距靶材距离 $D$ 的增加，表面首先出现随机的微米凸起（图 2-8（a）），之后凸起尺寸变大，成为"柱形"微纳结构（图 2-8（b）和（c）），随着聚焦位置的进一步增加，"柱形"微纳结构逐渐转化为沟槽微纳结构（图 2-8（d）和（e）），聚焦位置继续增加，沟槽微纳结构消失，又转而出现微米量级"柱形"微纳结构（图 2-8（f））。从以上表面形貌演化规律可以看出，在样品表面接收激光总入射能量不变的条件下，通过改变聚焦位置、优化光斑范围内的能量密度，可实现多种表面形貌的调控。在能量密度较低时，由于激光辐照发生表面选择性烧蚀，表面会自组装形成柱形结构，而当能量密度足够高时，由于强烈的烧蚀会产生快速的质量迁移，从而形成沟槽微纳结构。但值得注意的是，在实验数据中沟槽的宽度很小，约为 50μm。

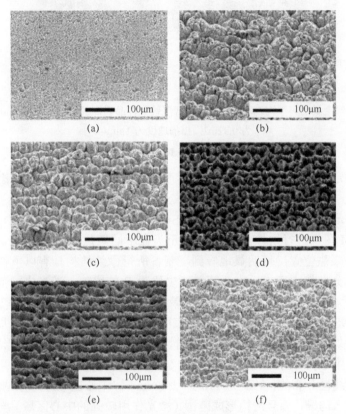

图 2-8 不同聚焦位置条件下样品的 SEM 形貌图（激光能量为 0.92W，扫描速度为 1mm/s，
扫描间距为 0.05mm）

（a）D=173.5mm；（b）D=179.5mm；（c）D=185.5mm；（d）D=191.5mm；（e）D=197.5mm；（f）D=203.5mm。

## 2.3.2 沟槽微纳结构的优化及润湿功能特性研究

### 1. 沟槽微纳结构的优化

针对沟槽微纳结构的飞秒激光制备优化，保持入射激光总能量不变，通过改变激光聚焦位置实现激光能量分布的优化，具体通过改变聚焦透镜与靶材之间的距离实现。如图 2-9 所示，在不同金属合金表面（如铝合金 LY12、钛合金 TC4、金属镍）都可以实现小宽度沟槽的直接制备。以钛合金 TC4 为例，对沟槽微纳结构制备的实验条件进行优化。

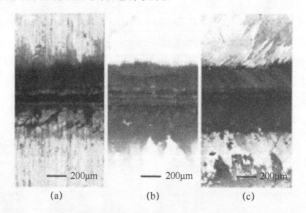

图 2-9　不同金属的典型沟槽微纳结构形貌（透镜到样品表面的距离为 189.5mm，激光能量为 0.92mJ，扫描速度为 1mm/s）

(a) 铝合金（LY12）；（b) 钛合金（TC4）；（c) 金属镍。

在固定激光能量 1.14mJ 与扫描速度 $v$=1mm/s 的条件下，改变聚焦位置 $D$，在钛合金（TC4）表面进行聚焦扫描处理。聚焦位置 $D$ 在 193.5～203.75mm 每隔 0.25mm 进行一次激光扫描，用 SEM 对它们的形貌进行观测，并用所得到的 SEM 图像进行拼接。图 2-10 所示为在不同聚焦位置处的 SEM 拼接图，横坐标为聚焦位置，可明显地看到，制备所得微纳结构具有以下特点：从微纳结构的分布特点可以看出，随着聚焦位置 $D$ 的增加，激光烧蚀范围的外边缘出现了符合光学聚焦规律汇聚、聚焦及发散的现象；在 $D$ 取值范围为 193.5～198mm 时，作用于金属合金表面的光场强度分布为中心强周边逐渐减弱，与飞秒激光能量空间高斯分布相符，中心高强度区域出现了柱形微纳结构，并且沿着中心向外方向柱形微纳结构尺寸进一步减小，在这区域内可以推断激光强度是线性分布的；在 $D$ 为 196.5～198mm 时，中心区域柱形微纳结构消失，形成了微米沟槽，而且沟槽形成范围（激光作用较强的中心区域）与烧蚀边缘范围均达到最小，这一区域可视为激光焦点附近（焦深范围内），并且沟槽两侧伴随着些许小孔；当 $D$ 从 198mm 增至 203.5mm 时，出现了反常的非线性现象，沟槽宽度逐渐减小直至变化不大（烧蚀区域中心强度分布逐渐被压缩减小），而沟槽的两侧相对较弱的烧蚀区域范围逐渐增大，这一奇异的现象与光学聚焦线性规律不符，出现了非线性的强度分布变化。为更加深入地了解形成的表面形貌，对激光强度线性分布的中心区域（图 2-10 中 A 和 B 点区域）、外部烧蚀柱形凸起（图 2-10 中 C 点区域）及最外层的烧蚀区域（图 2-10 中 D 点区域）做了进一步地观察（SEM 放大成像）。如图 2-11 所示，可以明显地看到,中心区域形成的柱形和沟槽微纳结构表面都形成了丰富的纳米结构(图 2-11(a)(b)),在外部烧蚀区域形成了小尺寸的柱形微纳结构(图 2-11(c)),而在最外层的烧蚀区域仅出现了亚微米的随机微纳结构(图 2-11(d))。

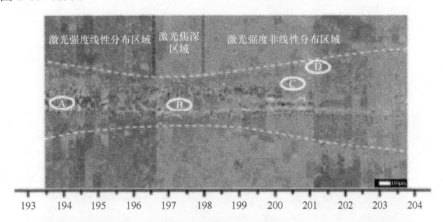

图 2-10　不同聚焦位置下钛合金的 SEM 拼接图(激光能量为 1.14mJ、扫描速度为 1mm/s)

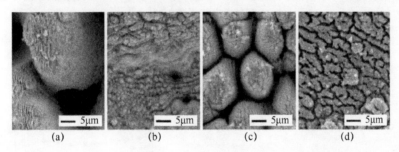

(a)　　　　　　(b)　　　　　　(c)　　　　　　(d)

图 2-11　在激光能量为 1.14mJ、扫描速度为 1mm/s 时聚焦位置外围的 SEM 图像
(a) $D$=194mm 处柱形微纳结构表面;(b) $D$=198mm 处沟槽内;(c) $D$=201mm 处沟槽外部烧蚀区域以及;
(d) $D$=199mm 处整体烧蚀区域。

为了更清晰地观察中心烧蚀区域(沟槽宽度)及周围烧蚀区域的变化趋势,以沟槽中心为原点,测量中心与两侧沟槽边缘的距离和两侧烧蚀边界的距离。实验结果如图 2-12 所示,可以发现在 $D$=197mm 到 $D$=198mm 之间,沟槽位置与烧蚀边界位置基本保持平衡,符合聚焦激光能量空间分布规律,从 $D$=198mm 位置处开始到 $D$=201mm 之间,沟槽宽度越来越窄,同时产生的弱烧蚀边界越来越大。也就是随着靶材与透镜之间距离的增加,沟槽宽度保持平缓随之逐渐减小,而烧蚀边界也逐渐增大,这与激光聚焦规律相违背。进一步,在不同的入射激光能量条件下重复了以上实验,得到了相似的研究结果,如图 2-13 和图 2-14。

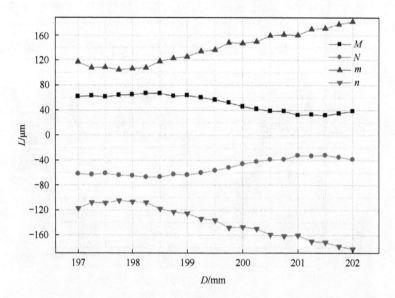

图 2-12　*M*、*N*沟槽边缘位置到烧蚀中心的距离与*m*、*n*烧蚀区域边缘位置到烧蚀中心的
距离（激光能量为 1.14mJ）

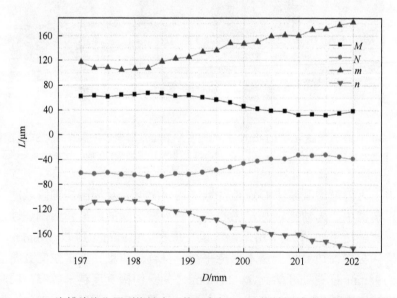

图 2-13　*M*、*N*沟槽边缘位置到烧蚀中心的距离与*m*、*n*烧蚀区域边缘位置到烧蚀中心的
距离（激光能量为 0.92mJ）

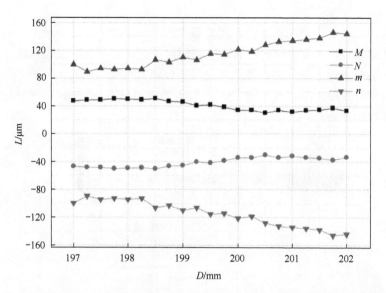

图 2-14 *M*、*N* 沟槽边缘位置到烧蚀中心的距离；*m*、*n* 烧蚀区域边缘位置到烧蚀中心的距离（激光能量为 0.71mJ）

## 2. 沟槽微纳结构形成机制分析

根据飞秒激光与物质相互作用机制分析，产生沟槽变窄的原因很可能是与飞秒激光聚焦过程中发生非线性强度分布的现象有关。如图 2-15 所示，可以看到等离子体发光，因此，可以推断加工过程中聚焦的飞秒激光形成了类似于等离子体丝的非线性过程，而且等离子丝形成时也可以促使激光强度分布发生调制，这与以上实验结果（图 2-12～图 2-14）相符。

图 2-15 在激光能量为 0.92 mJ、扫描速度为 1mm/s、聚焦位置 *D*=203mm 时飞秒激光微纳加工钛合金 TC4 时亮点的颜色变化

为进一步证明飞秒激光微纳加工过程中非线性过程对实验结果造成的影响，对微纳结构制备过程中激光光谱进行了测量。为此在原有实验装置的基础

上，增加了一套光谱测量系统。测量装置原理图如图 2-16 所示，采用积分球进行光谱收集，在保证全面收集角度的同时，还可以在衰减较强的激光信号的同时抑制对激光激发等离子体光谱的信号收集。将探头接入积分球，收集光谱方向与入射光线之间的夹角为 45°，收集透镜的焦距 $f$=75mm，透镜与激光聚焦位置相距 39cm。

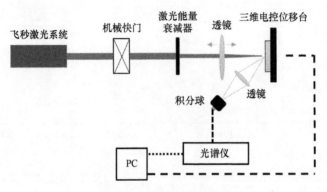

图 2-16　测量装置原理图

如图 2-17 所示，可以发现激光聚焦位置区间 $D$=197mm 时，飞秒激光的波长保持在中心波长上。当 $D$=198mm 位置开始，随着沟槽宽度变小和烧蚀边界变大（图 2-10 和图 2-12），激光波长逐渐发生了蓝移展宽，$D$ 持续增加到 202mm的过程中激光光谱展宽一直持续发生。这说明在这段区间内，聚焦激光发生了非线性自相位调制过程，形成等离子丝并产生了基频的展宽，而在加工样品过程中基底表面发生了反射。这也证明了加工过程中飞秒激光聚焦非线性强度分布起到了重要作用。

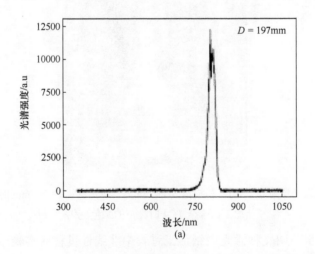

(a)

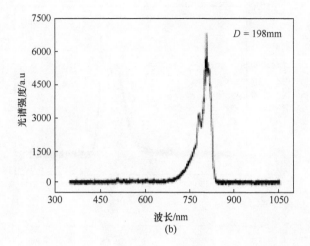

(b)

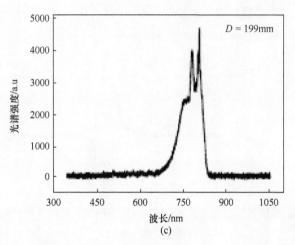

(c)

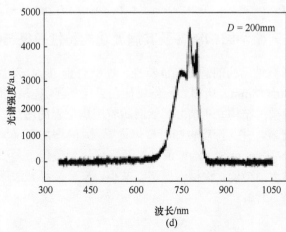

(d)

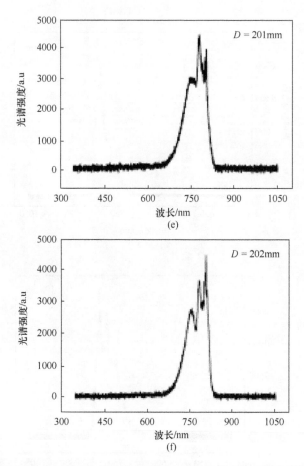

图 2-17　在不同聚焦位置制备沟槽微纳结构时产生的发射光谱（激光能量为 1.14mJ、
扫描速度为 1mm/s）

（a）$D$=197mm；（b）$D$=198mm；（c）$D$=199mm；（d）$D$=200mm；（e）$D$=201mm；（f）$D$=202mm。

### 2.3.3　沟槽阵列微纳结构制备及其润湿功能特性表征与分析

　　为研究沟槽微纳结构的润湿功能特性，在钛合金 TC4 表面制备成沟槽阵
列微纳结构（9mm×18mm），所得实验结果如图 2-18 所示。在聚焦位置 $D$=196mm
处，形成的沟槽微纳结构并不清晰，然而随着聚焦位置的增加，沟槽形状的微
纳结构越来越清晰，并且深度也随着聚焦位置 $D$ 的增加而增加。当聚焦位置
$D$=198mm 和 $D$=199mm 时，沟槽清晰度及深度达到最佳，之后随着聚焦位置
的增加，清晰度逐渐减弱，沟槽深度逐渐减小，直至最终无法形成沟槽阵列微
纳结构（图 2-18（f））。

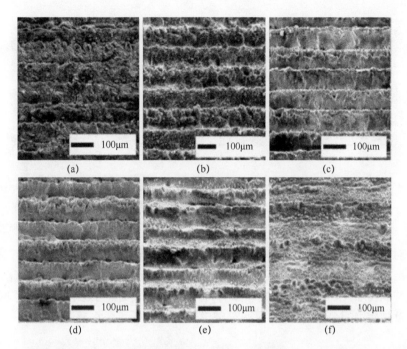

图 2-18　激光能量为 0.89mJ、扫描间距为 0.08mm、扫描速度为 1mm/s 时，在不同聚焦
位置制备沟槽阵列微纳结构的 SEM 图（观察角度与样品法线方向成 60°）

(a) $D$=196mm；(b) $D$=197mm；(c) $D$=198mm；(d) $D$=199mm；(e) $D$=200mm；(f) $D$=201mm。

　　为进一步研究沟槽形貌结构特点，对 $D$=198mm 制备的沟槽微纳结构进行
更细致的 SEM 放大观测。图 2-19 所示为聚焦位置 $D$=198mm 时不同倍率下所
测得的 SEM 图，图 2-19（b）所示为样品放大到 500 倍时所得的 SEM 形貌图
像，可以看出沟槽的顶部仍含有微米量级的柱形颗粒。如图 2-19（c）所示，
在沟槽山脊内侧继续将其放大到 3000 倍时，可以看到沟槽侧面包含了丰富的
亚微米结构，而且靠近沟槽底部的侧面部分则出现了纳米尺寸的光栅结构。从
图 2-19（b）和（d）中也能看到相似的结果，沟槽宽度约为 50μm。

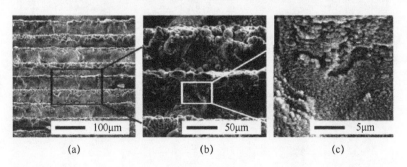

(a)　　　　　　　　　(b)　　　　　　　　　(c)

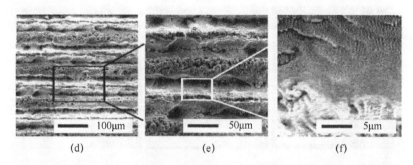

(d)　　　　　　　　　(e)　　　　　　　　　(f)

图2-19　在激光能量为0.89mJ、扫描间距为0.08mm、扫描速度为1mm/s、聚焦位置 $D$=198mm
时，制备的沟槽微纳结构的不同放大倍率的SEM图

（a）、（b）和（c）的观察角度与样品法线方向成60°；（d）、（e）和（f）是沿着样品法线方向观测的。

　　对沟槽微纳结构润湿功能特性的表征使用接触角测量仪（图2-20）进行，测量结果如图2-21所示。当水滴掉落时，在100ms的时间内水滴迅速被表面吸附并获得了14.1°的接触角，随着时间的推进，接触角逐渐减小，至300ms时保持稳定（11.2°）。这也说明沟槽微纳结构具备超亲水特性。

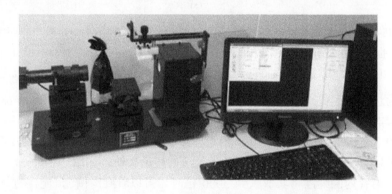

图2-20　润湿功能特性测试所用接触角测量仪

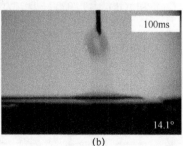

(a)　　　　　　　　　　　(b)

30

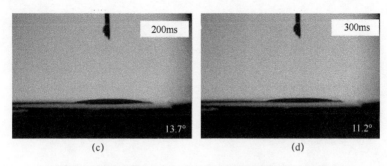

(c)                                                  (d)

图 2-21　沟槽微纳结构表面不同时刻水滴接触角的测量图像

（a）水滴未低落时；（b）100ms 时接触角为 14.1°；（c）200ms 时接触角为 13.7°；（d）300ms 时接触角为 11.2°。

　　为解释可以快速吸取液滴的原因，进一步对水滴在样品表面的扩散形式进行了研究。如图 2-22 所示，聚焦的位置 $D$ 为 198mm 实验条件下制备的钛合金 TC4 样品竖直放置，沿沟槽方向与重力方向平行。发现水滴沿着沟槽方向快速定向流动，而且在水滴接触样品表面的前 0.3s 内，水向上运输的速度较快，如图 2-22（a）和（d）所示，随着时间的推移，水运输到一定的高度，在重力作用下，水的运输速度有所降低。如图 2-22（e）～图 2-22（h）所示，在相同的时间里上升的高度相应较小。通过像素标定的方法，对水的流动距离进行测量，同时根据水运输所用的时间对速度进行了计算，结果表明，经过计算水运输平均速度可达 21.6mm/s，这表明沟槽微纳结构表面具有惊人的毛细效应。同理，对其他制备的样品进行了同样的测量，结果如表 2-1 所列，从中也可以看出，在聚焦位置 $D$=198mm 处获得最佳的水运输速度，并发现水运输速度与沟槽深度有关，沟槽越深运送水的速度就越快。

(a)                                                  (b)

(c)                                                  (d)

图 2-22　在激光能量为 0.89mJ、扫描速度为 1mm/s、扫描间距为 0.08mm、聚焦位置
$D$=198mm 时，所制备沟槽微纳结构表面在水滴接触样品表面向上运输过程中不同时刻水滴
流动的距离。

表 2-1　大面积样品水运输速度

| 聚焦位置/mm | 平均速率/（mm/s） |
| --- | --- |
| 196 | 0.4 |
| 197 | 8.8 |
| 198 | 21.6 |
| 199 | 14.0 |
| 200 | 8.3 |
| 201 | 0.6 |

　　由 Wenzel 模型可知，在固体表面构建微纳结构可以提高固体表面的粗糙度，增强材料原有的润湿功能特性。在制备沟槽结构的实验中，水滴在这样的结构表面拥有很小的接触角，沟槽微纳结构使得钛合金 TC4 的润湿功能特性转变为亲水特性。在对二维柱形阵列微纳结构、各种管状器皿与开放型沟槽等系统的研究中发现，液体在这些系统中流动时符合扩散定律，即

$$z(t) \propto (Dt)^{1/2} \tag{2-11}$$

式中：$z$ 为液体在毛细系统中传输的距离；$D$ 为液体的扩散系数；$t$ 为液体在系统中传输的时间。Washburn 的研究结果表明，沟槽微纳结构与二维柱形列阵微纳结构都属于开放型毛细系统（Open Capillary System），而且在与本书实验

中制备的微纳结构相似的 V 形沟槽微纳结构内也存在符合典型 Washburn 扩散定律的研究结果。为了确定水滴在钛合金 TC4 沟槽微纳结构内向上运输的动力来源，以聚焦位置 $D$=198mm 处时所制备的样品为例，研究了水滴向上运输时距离随时间推移的变化趋势，结果如图 2-23 所示。可以看到，水滴向上运动的时间 $t^{1/2}$ 与向上运动的距离 $z$ 呈线性关系。利用飞秒激光在钛合金 TC4 表面制备的沟槽阵列微纳复合结构同样可以认为是一种开放型的毛细系统，水滴在竖立的钛合金 TC4 表面沟槽微纳结构内向上运输的现象符合 Washburn 扩散定律。这也说明开放型的沟槽毛细效应是钛合金 TC4 表面润湿功能特性变化的主要原因，也是引起向上输水的重要因素。而且，如图 2-23 所示，微米尺度的沟槽微纳结构表面还附着了尺寸丰富、分布随机的纳米尺度结构，这些纳米结构在金属原子与液态分子之间的相互作用中也起到相应的作用。因为金属纳米结构与液态分子的附着速度与液态分子之间相比要快得多，这也是液态分子可以沿着沟槽快速流动的一个原因。

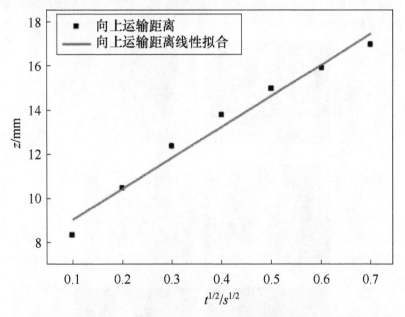

图 2-23　在激光能量为 0.89mJ、扫描速度为 1mm/s、扫描间距为 0.08mm、聚焦位置 $D$=198mm 时，所制备的沟槽微纳复合结构表面水运输时间 $t^{1/2}$ 与运动距离 $z$ 之间的函数关系曲线

## 2.4　疏水润湿功能特性微纳结构制备和优化

众所周知，金属表面具有中等的润湿功能特性，既不具有良好的亲水特性，也不具备出色的疏水特性，这使金属在此方面并没有显现出较好的应用价值。在以往的研究工作中，采用纯金属镍样品，利用飞秒激光在其表面进

行微纳结构制备，发现了不同的实验现象：在空气中长时间放置仍未出现润湿功能特性的转变。进一步经过低表面能处理获得了超疏水特性，并对其进行了参数优化。

### 2.4.1　飞秒激光制备金属镍微纳结构

在高能量密度下可以通过飞秒激光制备沟槽微纳结构，而在激光能量密度相对较小的情况下，通过辐照脉冲数的积累可以形成柱形微纳结构。实验中所使用的样品为纯金属镍（边长为 30mm、厚 2mm 的方块，纯度为 6N），使用图 2-6 所示装置和方法对样品进行飞秒激光微纳结构制备，不同的是在扫描间距的设置上采用小于聚焦光斑尺寸的范围，目的是获得均匀的辐照形成自组装的微纳结构。如图 2-24 所示，随着聚焦位置的增加，表面首先随机出现微米坑状结构（图 2-24（a）），之后逐渐形成微米凸起并且尺寸也逐渐增大（图 2-24（b）和（e）），随着聚焦位置进一步增加，表面微凸起又逐渐消失（图 2-24（f））。

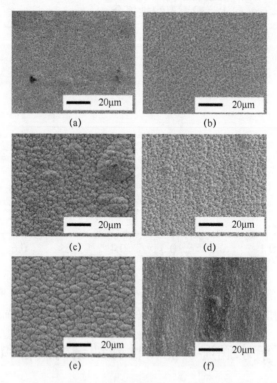

图 2-24　不同聚焦位置时所制备样品的 SEM 图及其所对应的接触角（激光能量为 0.94mJ、
扫描速度为 4mm/s、扫描间距为 0.05mm）

（a）D=169.5mm；（b）D=173.5mm；（c）D=177.5mm；（d）D=181.5mm；（e）D=185.5mm；（f）D=189.5mm 。

利用接触角测量仪（图 2-20）对表面润湿功能特性进行表征，未经飞秒激光处理的样品表面如图 2-25（a）所示，接触角为 93.45°。飞秒激光在表面形成微纳结构后典型结果如图 2-25（b）和（c）所示，液滴掉落后，被样品表面快速吸收，展现出亲水特性。将样品在空气中放置一周后对样品进行润湿功能特性测试，发现润湿功能特性并没有发生明显的变化，继续放置一个月，仍然没有显著变化。

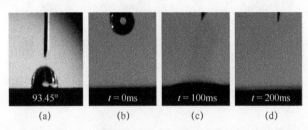

图 2-25　在激光能量为 0.94mJ、扫描速度为 4mm/s、扫描间距为 0.05mm、聚焦位置为 187mm时，未经飞秒激光作用的表面

（a）激光加工前样品接触角的测量结果；（b）～（d）典型样品表面接触角测量结果。

## 2.4.2　低表面能处理后的润湿功能特性微纳结构

### 1. 硅烷化低表面能处理过程

用无水乙醇冲洗样品，再用超声波清洗，洗去在空气放置时吸入的杂质。将全氟癸基三乙氧基硅烷与无水乙醇混合，在烧杯中摇匀 1h，配制成质量分数为 1% 的全氟癸基三乙氧基硅烷的乙醇溶液，将样品放入配制的溶液中浸泡 4h，最后将浸泡过的样品放入 100℃ 的烘箱烘烤 1h，并在烤箱中冷却。

### 2. 低表面能处理后表面润湿功能特性表征

未用激光加工的样品在低表面能处理前后的润湿功能特性如图 2-26 所示，低表面能处理前接触角为 93.45°，低表面能处理后接触角有所增加，达到 97.27°，显然金属镍表面的润湿功能特性并没有因为低表面能处理而发生明显改变。

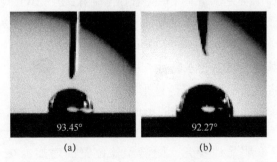

图 2-26　金属镍未经处理的原样品表面接触角的变化

（a）低表面能处理前；（b）低表面能处理后。

图 2-27 所示为在不同聚焦位置制备样品的 SEM 图，右上角的插图则是低表面能处理之后所测得的接触角，随着聚焦位置的增加，接触角有了不同程度的增大，至 D=185.5mm 时达到最佳。通过低表面能处理，具有飞秒激光制备微纳结构的样品表面从亲水特性转变为疏水特性。这说明表面能修缮后，微纳结构使其表面具备了疏水的性能。

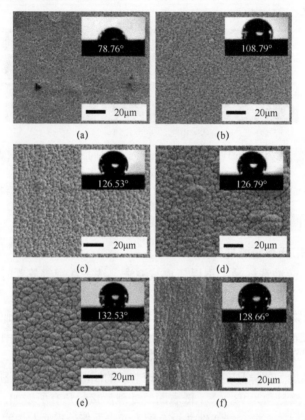

图 2-27　经过低表面能处理后，不同聚焦位置时所制备样品的 SEM 图以及它们所对应的接触角（激光能量为 0.94mJ、扫描速度为 4mm/s、扫描间距为 0.05mm）

（a）D=169.5mm；（b）D=173.5mm；（c）D=177.5mm；（d）D=181.5mm；（e）D=185.5mm；（f）D=189.5mm。

### 3. 微纳结构优化提升疏水特性

通过以上的实验结果说明，柱形微纳结构对疏水特性的提升最为明显（图 2-27（e））。而柱形微纳结构的形成与激光辐照密切相关，因此这里将实验参数扫描速度降低至 v=1mm/s，目的是单位时间内获得更多的辐照脉冲。从图 2-28 中可以明显地看到，随着聚焦位置的增加，在 D=187.5mm 和 D=191.5mm 位置处形成了较为理想的柱形微纳结构。

(a)　　　　　　　　　　　　　　　(b)

(c)　　　　　　　　　　　　　　　(d)

(e)　　　　　　　　　　　　　　　(f)

图 2-28　激光能量为 0.99mJ，扫描速度为 1mm/s，扫描间距为 0.05mm 时，金属镍（6N）
在不同聚焦位置所制备样品的 SEM 图

（a）$D$=171.5mm；（b）$D$=174.5mm；（c）$D$=179.5mm；（d）$D$=182.5mm；（e）$D$=187.5mm；（f）$D$=191.5mm。

　　在激光能量为 0.99mJ、扫描速度为 1mm/s、扫描间距为 0.05mm 时，聚焦
位置 $D$ 在 187～190.5mm 每间隔 0.5mm 进行一次微纳结构制备，共制备 8 块
样品（30mm×30mm），并对其进行低表面能处理。实验结果如图 2-28 所示，
聚焦位置 $D$=187mm 时，含有较多的椭圆形的柱形结构，而聚焦位置
$D$=189.5mm、$D$=190mm、$D$=190.5mm 时柱形微纳结构之间的间隙稍有增加
（图 2-29（f）、（g）、（h））。从疏水特性上看，在这 8 块样品表面都表现出更加
优异的接触角，约为 148°，接近了超疏水特性，同时也说明优化后获得的柱
形表面形貌更有利于疏水特性的提高。

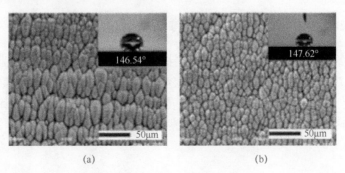

(a)　　　　　　　　　　　　　　　(b)

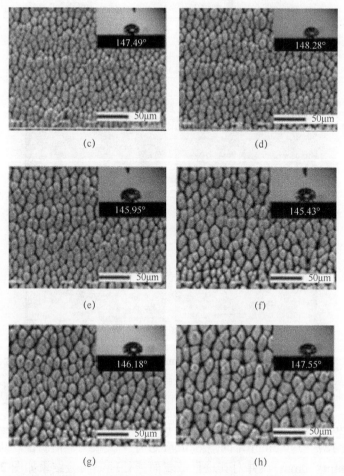

图 2-29 激光能量为 0.99mJ、扫描速度为 1mm/s、扫描间距为 0.05mm 时，金属镍（纯度 6N）在不同聚焦位置所制备的微纳结构 SEM 图以及经低表面能处理后它们所对应的接触角

## 2.5 金属铜微纳结构润湿功能特性转变的研究

### 2.5.1 飞秒激光制备金属铜表面微纳结构

在起始入射激光能量为 1.2mJ、扫描速度为 4mm/s、扫描间距为 0.04mm、聚焦位置 $D$=198mm 的实验条件下，对金属铜样品进行飞秒激光聚焦扫描加工，实验结果如图 2-30 所示，可以看出，与未经处理的原样品表面相比出现了微米波纹结构且上端附着大量微米块状结构，这些微米块状结构大小不等、分布不均。

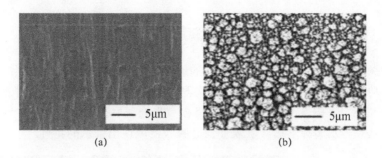

(a)                                      (b)

图 2-30　对金属铜样品进行飞秒激光聚焦加工前后的表面 SEM 图

（a）未经加工的原始表面；（b）加工后的表面。

　　在相同的实验条件下，改变激光能量后对金属铜样品进行扫描加工。如图 2-31 所示，可以明显地看出，飞秒激光能量对表面形貌的影响十分显著，随着激光能量的减小，表面微米块状结构逐渐减少，随着激光能量进一步减小，表面微米块状结构彻底消失，最后只剩下亚微米波纹结构。可观察到表面形貌的演化规律，可以看出在聚焦位置、扫描速度、扫描间距不变的情况下，通过改变入射激光总能量，可实现多种表面形貌的调控。在激光能量较高时，由于激光辐照，表面发生强烈的烧蚀，表面会自组装形成微米块状结构与微米波纹结构相结合的形貌，而当激光能量较低时，表面发生选择性烧蚀，激光能量低于金属铜表面的损伤阈值，不足以产生微米块状结构，所以只留有微米波纹结构。

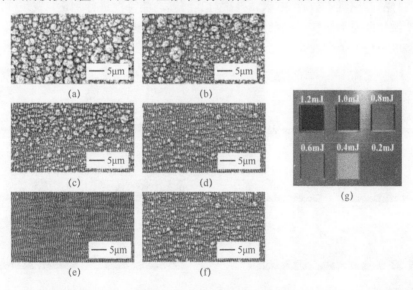

图 2-31　扫描速度为 4mm/s、聚焦位置为 198mm、扫描间距为 0.04mm 时，不同激光能量所制备样品的 SEM 图像

（a）$E$=1.2mJ；（b）$E$=1.0mJ；（c）$E$=0.8mJ；（d）$E$=0.6mJ；（e）$E$=0.4mJ；（f）$E$=0.2mJ；（g）以上激光能量扫描金属铜表面的实物图。

### 2.5.2　微纳结构及化学成分对其润湿功能特性的影响

为探究表面形貌对润湿功能特性的影响，使用接触角测量仪表征样品表面的润湿功能特性。如图 2-32 所示，由测量可知，未经飞秒激光作用的表面接触角为 97.8°。图 2-32（b）所示为飞秒激光处理后在表面形成微纳结构样品的测试结果。水滴掉落后，被表面快速吸收，展现出亲水的特性。

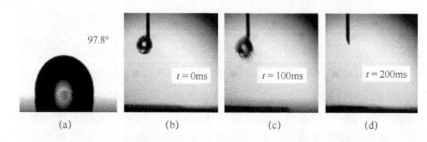

图 2-32　使用接触角测量仪表征样品表面的润湿功能特性

（a）激光加工前样品接触角的测试结果；（b）～（d）典型润湿功能特性测试数据（激光能量为 96mJ/cm²、扫描速度为 4mm/s、扫描间距为 0.04mm、聚焦位置为 198mm）。

如图 2-33 所示，将制备完的样品在空气中放置 1 天后对样品进行润湿功能特性测试，发现在各个激光能量下所制备样品的表面接触角都不相同，然后继续将样品在空气中放置 30 天，再次对其润湿功能特性进行测量，发现 30 天后各个激光能量下的样品接触角都有较大幅度的增长，且在持续测试期间各表面的接触角每天都会变化。

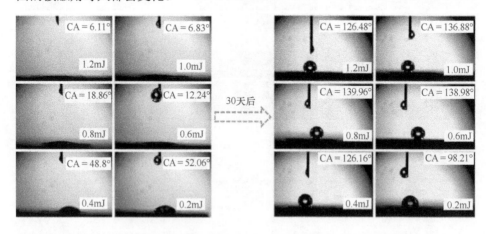

图 2-33　不同激光能量下的样品表面接触角（CA）30 天后的变化

接下来，对各激光能量下制备的样品表面接触角随时间变化情况进行表征研究。如图 2-34 所示，飞秒激光制备微纳结构疏水特性的形成与其在空气环境中放置的时间有关，样品制备完放置 1 天后对其进行接触角测量，各激光能量下制备出的微纳结构都展现出了亲水的润湿功能特性。而随着放置时间的增加，在 1～10 天的范围内，其表面接触角都有了一个明显的上升，之后便均趋于平稳。在激光能量密度为 16mJ/cm$^2$ 时上升幅度最小，为 46.15°，在 64mJ/cm$^2$ 和 48mJ/cm$^2$ 时上升幅度最大且几乎相同，达到了 136.98°。通过对比 SEM 图（图 2-31（c）和（d））发现，激光能量密度在 64mJ/cm$^2$ 和 48mJ/cm$^2$ 时，表面所产生的结构都是亚微米波纹结构上分布着少量微米块状结构，48mJ/cm$^2$ 比 64mJ/cm$^2$ 附带的微米块状结构稍少。这两种类型微纳结构的结合，可能提供了更好的空气气穴形成条件，更有利于形成最佳的 Cassie 润湿状态，因此可以形成相对理想的疏水特性。

　　为了探究金属铜样品在空气中发生从亲水到疏水的自转换现象的原因，以激光能量密度为 64mJ/cm$^2$ 时制备的样品为例做了能谱测试。实验结果如图 2-35、图 2-36 所示，可以发现，在激光制备完样品的第 1 天时，C 元素的原子百分比为 10.8，Cu 元素为 71.6，O 元素为 17.6。而到了第 30 天再次测量时，C 元素的原子百分比变为 11.5，Cu 元素和 O 元素的原子百分比则变为了 69.8 和 18.7。相比于第 30 天时，C 的原子百分比增长了 0.7，而在样品中 Cu 元素和 O 元素的变化视为正常变化。Cu 元素在空气中自身也会与空气中的 O 元素结合形成 CuO。因此，认为导致金属铜发生润湿自转换行为的原因是 CuO 在空气中放置时吸附了空气中的有机物。如图 2-37 所示，随着时间的推移，吸附有机物的数量逐渐增多，而有机物的本质其实就是 C，这也就很好地解释了为什么金属铜在空气中放置时会使接触角增加的现象。

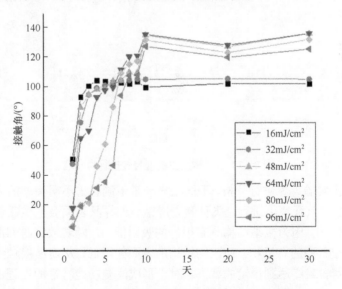

图 2-34　不同激光能量下的样品表面接触角随时间的变化

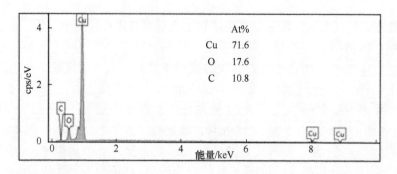

图 2-35　激光能量密度在 64mJ/cm² 下所制备完表面第 1 天时的元素含量

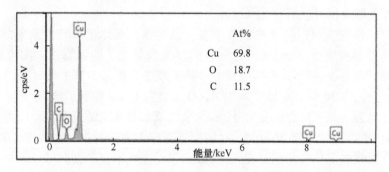

图 2-36　激光能量密度在 64mJ/cm² 下所制备完表面第 30 天时的元素含量

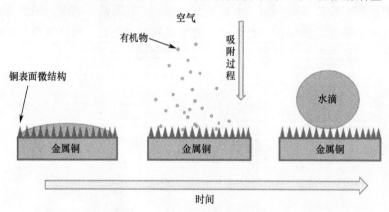

图 2-37　金属铜发生润湿自转换行为原理

对以上实验现象进行分析，不同激光能量下制备出不同类型的微纳复合结构。实验在大气环境下进行，飞秒激光烧蚀后的样品表面会发生微弱的化学反应形成氧化铜。因为微纳结构具有很好的吸附能力，随着放置时间的推移，会逐渐吸附空气中的有机物，使微纳结构的表面能降低，从而使接触角逐渐呈现出升高态势，最终达到稳定的状态。对于形成润湿功能特性的过程，常用来讨论的有两种模型，即 Wenzel 模型与 Cassie 模型。Wenzel 模型用来解释液体与固体表面直接接触时材料的润湿状态；相反，Cassie 模型被用来解释液体与固体表面不发生直接接触，而是停留在固、液、气三相时材料的润湿状态。Cassie 模型中，液体与固体间存在空气，水滴不能直接浸润表面，接触角也就较大。而随着固体与液体表面间的空气减少，液体就会逐渐接触到固体表面，随着接触面积的增加，表面的润湿状态就会从 Cassie 模型转换到 Wenzel 模型，接触角随之减小。在液滴与表面相接触时被表面快速吸收，展现出亲水的特性，此时也就属于 Wenzel 模型的状态。而样品在空气中放置时，随着时间的推移，微纳结构的表面能变化逐渐促使疏水特性的展现，形成 Wenzel 模型向 Cassie 模型转化的过程。从微纳结构角度出发分析，相关研究已经表明微纳结构会对润湿功能特性产生影响。微纳结构的形成可以有效提升原有表面形成的 Cassie 或 Wenzel 模型的润湿效果。如图 2-34 所示，$48mJ/cm^2$ 和 $64mJ/cm^2$ 具有相似的微纳结构以及后期（放置 10 天后）最佳的疏水特性，同时在表面微纳结构制备初期（放置 1 天后）也具有最显著的亲水特性。

## 2.6 小 结

本章通过飞秒激光聚焦扫描的方式，在金属（钛合金 TC4、金属镍和金属铜）表面分别实现了沟槽和柱形两种典型的微纳结构制备，并对其表面的亲水特性及疏水特性进行了阐述。

在亲水特性研究方面，利用聚焦飞秒激光对钛合金 TC4 进行了沟槽微纳结构的制备，发现不同聚焦位置的实验条件下，对沟槽微纳结构的宽度有明显的影响：在离焦位置处、聚焦光斑范围内可实现更小尺寸的沟槽微纳结构制备，其中等离子丝的形成引起的非线性强度分布在其中起到了重要作用，这一解释通过激光加工过程中等离子体光谱展宽的测量得到了证实。在制备单一沟槽微纳结构研究结果的基础上，进行了沟槽阵列微纳结构的制备，并对其表面润湿功能特性进行了研究，发现其表面具有优良的亲水特性（典型接触角为 11°），同时可实现水沿着沟槽逆重力方向定向运输，其速度可达 21.6mm/s。水的输运过程符合扩散定律，这一现象产生的原因是开放腔毛细效应。

在疏水特性研究方面，在金属镍表面进行了飞秒激光柱形微纳结构的制备，通过对制备的微纳结构进行低表面能处理后，可使表面获得疏水功能（接触角最佳可达 148.28°）。进一步以金属铜样品为例，讨论了金属微纳结构表面在空气放置发生润湿功能特性转变（由亲水向疏水）的原因：金属铜微纳结构样品在未经任何化学修饰、仅在空气中放置条件下，实现了由亲水向疏水特性的自发转变。产生这一现象的原因是，飞秒激光在空气环境制备微纳结构过程中会形氧化铜，而氧化铜微纳结构在空气中放置时会吸附空气中的有机物，使其表面能降低。

# 第3章 基于润湿功能特性微纳结构的防覆冰应用研究

## 3.1 概 述

在日常生活中，结冰是最常见的一种自然现象。由于冰层的不断积聚，经常会引起一些事故的发生，对人们的生活及出行安全构成了威胁。例如，飞机在低温下飞行时，空气中的过冷水滴撞击机体表面后，会在飞机的关键部位发生结冰，严重影响飞机的气动外形，使飞机无法正常飞行，从而引发飞行事故。为避免由于机体表面结冰引发的事故，降低飞机飞行时的安全隐患，在航空中发展出一套用于防覆冰的技术，即热力除冰技术、机械除冰技术和化学除冰技术。现阶段生活中常用的除冰技术多源于航空防除冰技术的转化。然而这些传统除冰技术在很大程度上存在能耗高、除冰废液多和除冰效率低等不足，与当代倡导的"绿色环保、高效节能"等技术发展理念相悖。

近些年来提出基于疏水特性表面的防覆冰技术，这种疏水防覆冰表面利用自身的超疏水特性，使水滴不能在表面停留而是直接回弹或者滚落，有效地减少了水滴与基体表面的接触时间，避免了水滴与基体表面进行热传导而结晶成冰滴，更不能和周围的冰滴再结晶生长成冰块。这种利用疏水功能表面的被动防覆冰方法，对未来防覆冰技术的发展开拓了新的思路。

## 3.2 疏水特性表面防覆冰的相关理论

防覆冰功能材料的研发，始终困扰着全世界的科研工作者。虽然目前防覆冰材料的发展始终没有达到人们所期望的目标，但是近些年来，科研人员对材料表面结冰过程进行不断的探索，发现可以通过一定的方法，使材料达到疏水效果，这将大大提高材料防覆冰效果。特别是当温度处于−10℃时，抗结冰效果十分明显。由相关的润湿理论可知，当表面具有较低的表面自由能和粗糙度时，该表面可以拥有疏水特性，且这种疏水特性表面在一定的条件下也会产生不错的防覆冰效果，主要有以下3点原因可以使疏水特性表面拥有防覆冰功能。

（1）疏水特性表面因其具有微观的粗糙形貌，可以对捕获液滴下方的空气有着独特的优势，因此形成 Cassie 状态。而在结构中的空气，也为阻止水滴结冰时的热量传递充当了很好的热阻，对延迟水滴结冰起到了很好的作用。Song 等利用 ZnO 纳米棒结构制备了疏水特性表面，实验发现，当水滴在所制备的疏水特性表面停留时，即使水滴在冰点以下也可以保持呈现出液态现象，延迟结冰的效果显著，而且 ZnO 纳米棒的大小对液滴结冰的延迟时间存在一定影响。此外，Cao 等通过在聚合物上复合纳米颗粒制备出了疏水特性表面，结果显示纳米颗粒的尺寸决定结冰延迟性能的高低。

（2）疏水特性表面可以有效延缓冰层在表面上的附着。研究发现，具有疏水特性的表面，其自身及冰层在表面上的附着能力与 $(1+\cos\theta_{R})$ 有着一定的联系。可以说带有微纳结构的疏水特性表面可以使液滴在冻结的过程中有效地保留 Cassie 状态，使空气层充分地存在于冰层与固体表面之间，起到降低冰层附着力的作用。这样的疏水特性表面已经被证实了对抵制冻雨和雾水凝结有着较好的作用。

（3）对于结构固、液、气 3 相之间的接触机制来说，大量研究证实，当表面处于 Cassie 状态下时，显现出疏水特性，可以有效地捕获空气并且在水滴冻结后保留在结构中，导致在气泡处存在微裂纹（微空隙），如图 3-1 所示，这会使除冰时所需的外力大大减少，且该外力受到液滴的后退接触角大小与空隙的尺寸影响。因此，如果液滴结冰发生在含有微型空隙的疏水特性表面，那么只要很小的外力便可以去除冰层。

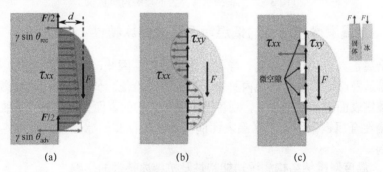

图 3-1　疏水特性表面冰层附着机制
（a）水滴附着机制；（b）冰层附着机制（无微空隙）；（c）冰层附着机制（含有微空隙）。

## 3.3　飞秒激光制备微纳结构的防覆冰特性研究

### 3.3.1　防覆冰表征装置与实验方法

微纳结构制备采用第 2 章所介绍的实验装置，制备的样品表面接触角及结冰过程通过配备控温样品台的接触角测量仪（德国 Dataphysics 公司的 OCA25）

进行测量和表征（图 3-2）。当平台温度到达所设定的值后等待其稳定，然后通过仪器中所带注射器将 4.5μL 的液滴注射到样品表面，测量样品表面的接触角，通过接触角测量仪的录像模块，观察水滴在样品表面的动态情况并记录下结冰的开始时间。

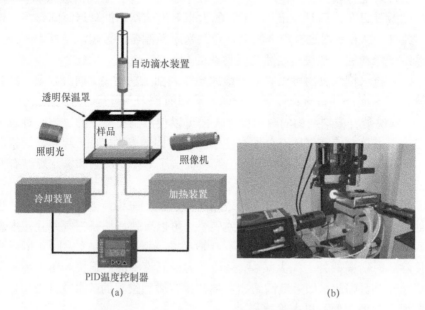

图 3-2　配备控温样品台的接触角测量仪

### 3.3.2　金属铜微纳结构的低温润湿及抗结冰特性

金属铜具有优异的导电、导热及力学性能。因此，金属铜在电气、建筑、机械制造及交通等多个领域内具有重要的应用价值。本小节利用飞秒激光直接对金属铜表面进行微纳加工，制备出了多种形貌的表面微纳结构，系统地研究了液滴在金属铜微纳结构样品表面润湿功能特性和结冰过程的变化规律及物理机制。

#### 1. 温度对微纳结构润湿功能特性及抗结冰特性的影响

实验样品如图 2-3 所示。在低温环境中，疏水特性表面的抗结冰性能受其润湿状态影响，因此分别在不同温度下（20℃、15℃、10℃、5℃、0℃）对其接触角进行了测量。由于低温条件下水滴在接触到样品时会立即发生冻结现象，接触角测量并不准确，所以采用推迟结冰时间的测量来代替接触角的变化。如图 3-3 所示，在激光能量密度分别为 96mJ/cm$^2$、80mJ/cm$^2$、64mJ/cm$^2$ 及 48mJ/cm$^2$ 时所制备样品的表面接触角随温度的降低都有所下降，且下降趋势相似。在温度下降至 5℃时，除在能量密度 64mJ/cm$^2$ 下时制备的样品表面始终保持了疏水特性外，其他条件下制备的样品几乎全部失去疏水特性，转变为亲水特性。在 0℃时，因为达到水结冰的零点，水滴在样品表面上从底部至顶端开始缓慢凝固，最后完全冻结，所以接触角的测量并不准确，因此没有对其接触角进行表征。未经处理的原样品表面也呈现出下降趋势，从图 3-3 中也可以观察到，带有微纳复合结构的样品表面与未经处理的原样品表面相比，在任何温度下接触角都呈现出更好的疏水倾向效果。

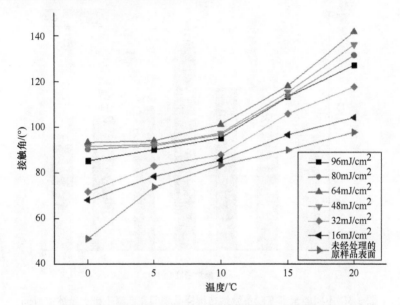

图 3-3　不同激光能量密度下制备的表面的接触角随温度变化

　　水滴冻结延迟实验如图 3-4 所示，在-5℃时测量未经激光处理的原样品表面水滴冻结延迟的时间。通过接触角测量仪的控温模块，将温度降至-5℃，然后将被测样品放置在控温模块上 2min，使其充分接触控温台将表面温度控制在-5℃，控制注射器将水滴滴落至样品表面，并使用高速 CCD 开始录像记录。整个过程以水滴滴落在样品表面上的一瞬间开始计时（图 3-4（a）），当液滴内部冰核开始形成时（图 3-4（b）），液滴的内部会迅速发生改变，原本透明的水滴，由下往上逐渐变为浑浊（图 3-4（c）），最终在顶端产生形变，冒出尖端，也以此时作为液滴完全冻结的标志（图 3-4（d））。通过以上不同阶段的典型现象就可以对结冰过程进行分析。

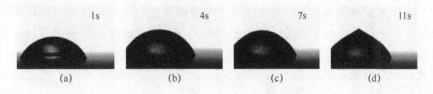

图 3-4　样品表面液滴结冰示意图

如图 3-5 所示，在−5℃时，在 64mJ/cm² 的激光条件下制备的微纳结构样品表面具有显著的结冰推迟效果，与未经处理的原样品表面相比，结冰时间延迟了 1 倍。同时对比图 3-3 所示的接触角随温度的变化也发现，样品表面结冰延迟效果与低温润湿功能特性一致。因此可以看出，在本实验中，疏水特性直接影响其表面的抗结冰性能的强弱。

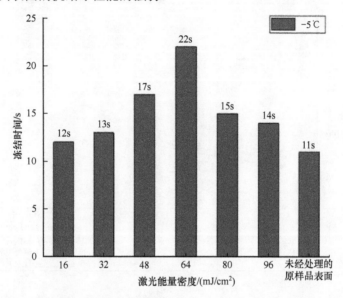

图 3-5　不同能量密度制备微纳结构样品表面在低温下延迟结冰的时间

**2. 疏水特性微纳结构推迟结冰的物理机制**

为分析疏水特性表面推迟结冰的物理机制及与微纳结构之间的关系，现对水结冰的物理过程进行进一步分析。水在固体表面的成核结晶需要经历两个过程，即形成冰核和冰核生长。其中形成冰核是结冰的核心过程，也称为形核（图 3-4 所示过程）。由经典形核理论可知，水的形核速率 $J_{\text{total}}$ 可以表示为

$$J_{\text{total}} = J_{\text{bulk}}V + J_{\text{water-air}}S_{\text{water-air}} + J_{\text{water-substrate}}S_{\text{water-substrate}} \qquad (3\text{-}1)$$

式中：$J_{\text{bulk}}$ 为水中自发的成核速率；$V$ 为水滴的体积；$J_{\text{water-air}}$ 为水与空气接触部分的界面成核速率；$S_{\text{water-air}}$ 为水与空气接触时的界面面积；$J_{\text{water-substrate}}$ 为水与基体接触部分的界面成核速率；$S_{\text{water-substrate}}$ 为水与基体接触时的界面面积。对于本书实验中的水滴，与周围温度及自身能量变化出现的自发形核属于均质形核，其中包括水与空气接触部分出现的形核，而水滴与基体表面接触部分的形核属于异质形核。如果温度相同，阻止均质形核的能量壁垒远高于异质形核，因此异质形核更容易产生冰核导致结冰。所以在本实验中，水滴形核过程中的整体形核速率 $J_{\text{total}}$ 的变化应由 $J_{\text{water-substrate}}$ 和 $S_{\text{water-substrate}}$ 决定，$J_{\text{water-substrate}}$ 主要由

温度以及能量壁垒 $\Delta G$ 决定。其中

$$\Delta G = \left[ 16\pi\gamma^3_{SL} T^2_{slf} / 3H^2_{SL} \left( T_{slf} - T_{interface} \right)^2 \right] f_{het} \quad (3\text{-}2)$$

式中：$\gamma_{SL}$ 为固−液界面（冰与水）的界面能；$T_{slf}$ 为冻结前的温度；$H_{SL}$ 为冻结潜热；$T_{interface}$ 为界面温度；$f_{het}$ 为与表面润湿功能特性有关的参数。目前研究表明，对于本征疏水的表面，其形核的能量壁垒高于亲水表面。

在本书实验中，环境温度一定，$J_{water\text{-}substrate}$ 仅与 $\Delta G$ 有关。环境温度为室温时，基体表面温度比室温低，液滴与基体表面接触部分的界面温度与传热过程中的热阻密切相关，当液滴在基底表面处于 Cassie 模式时（疏水特性），存储在其结构中的空气会增大传热过程中热阻，这时传热过程也就越缓慢，这也会显著降低形核速率 $J_{water\text{-}substrate}$，在低温下可以有效延缓水滴成核。因此，在疏水特性表面微纳结构中存储的空气越多，表面的形核速率 $J_{water\text{-}substrate}$ 越小。对于 $S_{water\text{-}substrate}$ 主要取决于材料表面的润湿功能特性，即

$$S_{water\text{-}substrate} = \pi R^2 fr \quad (3\text{-}3)$$

式中：$R$ 为液滴接触表面时的半径；$f$ 为液滴直接与基体表面接触时的百分比；$r$ 为液滴与基体接触时基体的粗糙系数。从疏水特性表面来说，接触角增大，$f$ 的值就减小，$R$ 的值也会随着减小，因此，$S_{water\text{-}substrate}$ 值也会变小。通过上面的分析可知，微纳结构疏水特性表面会使 $S_{water\text{-}substrate}$ 和 $J_{water\text{-}substrate}$ 发生减小趋势，因此导致了更好的抗结冰性能。

### 3.3.3　金属镍微纳结构的低温润湿及抗结冰特性

金属镍以其耐腐蚀性高与延展性好等特点在航空领域广泛应用。通过表面微纳结构制备改善表面润湿功能特性对航空防覆冰的应用具有重要意义。本小节主要阐述飞秒激光在金属镍表面微纳结构制备及其润湿功能特性的研究，进而讨论了不同润湿功能对抗结冰特性的影响，并且针对航空结冰环境特点，开展了动态液滴与低温样品表面相互作用的研究。

**1. 飞秒激光制备金属镍微纳结构**

使用第 2 章中所用到的飞秒激光微纳加工装置与方法对金属镍表面进行微纳结构的制备。实验中所使用的样品为金属镍（边长为 30mm、厚为 2mm），实验前使用超声波清洗机对样品进行清洗。在扫描速度为 4mm/s、扫描间距为 0.05mm、透镜焦距为 200mm、入射激光能量密度分别为 16mJ/cm$^2$、32mJ/cm$^2$、48mJ/cm$^2$、60mJ/cm$^2$ 的实验条件，对样品进行飞秒激光微纳结构制备。将制备的样品再次放入事先准备好的带有无水乙醇的超声波清洗机中清洗 10min，目的是洗掉样品表面因激光聚焦扫描所沉积的烧蚀杂质，最后利用 SEM 拍下样品表面的形貌图。

如图 3-6 所示，在激光能量较低时（图 3-6（a）和（b）），样品表面形成了与金属铜表面类似的亚微米波纹结构（图 3-6（a）），进一步随着激光能量的增加（图 3-6（c）和（d）），出现了大小相似、排列密集的柱形微纳结构。产生这种柱形微纳结构的原因可能是飞秒激光能量的增加导致烧蚀深度增加，使金属镍表面结构发生了大的改变。

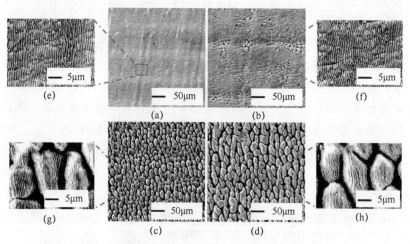

图 3-6  扫描速度为 4mm/s、聚焦位置为 202mm、扫描间距为 0.05mm 时，不同激光能量密度时所制备样品的 SEM 图像

（a）$F$=16mJ/cm$^2$；（b）$F$=32mJ/cm$^2$；（c）$F$=48mJ/cm$^2$；（d）$F$=60mJ/cm$^2$；图（e）～（h）分别为图（a）～（d）的放大图像。

### 2. 微纳结构的润湿功能特性表征与分析

为进一步探究表面形貌对润湿功能特性的影响，利用接触角测量装置对刚制备出的 4 种典型形貌样品表面进行润湿功能特性测试。如图 3-7 所示，测试方法为以水滴离开注射器的一瞬间开始计时，记录下当水滴完全与表面接触时刻的接触角，此时的接触角称为浸润接触角（图 3-7）。从浸润接触角的测量具体实验结果（图 3-8），可以发现 4 种样品表面的浸润接触角均小于 90°，表现出了亲水特性。在实验过程中，将样品放置在空气中每隔 1 天进行一次测量，直到第 10 天时，发现样品表面的润湿功能特性几乎没有发生改变，水滴的浸润接触角均小于 90°，呈现出亲水的特性。随后改为每隔 10 天进行一次测量，到第 30 天时，发现此时表面的浸润接触角与第 1 天测试时的浸润接触角相比发生了极为缓慢地上升，上升的幅度并不明显，即表面润湿功能特性基本没有发生改变。显现出这种特性的原因是激光制备完的样品表面拥有高表面能，而在空气中放置时，金属镍对空气中有机物吸附能力弱于金属铜，无法使表面能降低，所以表面始终呈现出亲水特性。进一步观察发现，4 种样品表面的浸润接触角的大小有少许差异，样品 c、d 的浸润接触角小于样品 a、b。结合图 3-6 中的表面形貌可以分析出，带有密集柱形微纳复合结构表面的形貌相比于只有单一无柱形微纳结构的亚微米波纹结构形貌，对水的吸附能力更强，因此亲水特性也会更好。

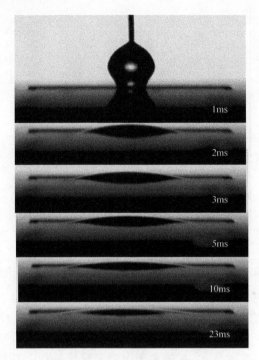

图 3-7　亲水表面液滴浸润过程

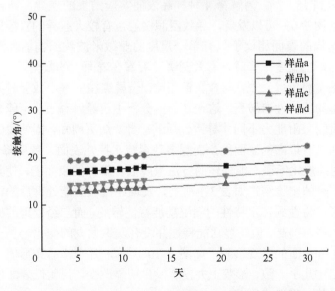

图 3-8　不同激光能量密度下制备的表面的接触角随时间的变化

为继续研究样品表面形貌对润湿功能特性的影响，在不同温度下对样品表面进行了浸润接触角的测试。如图 3-9 所示，实验记录了温度从 20℃下降到 0℃时 4 种样品表面的浸润接触角变化。

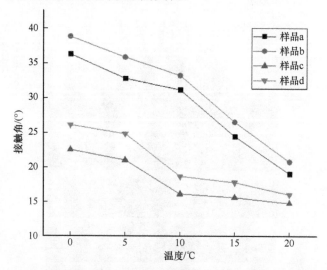

图 3-9　激光制备后的样品表面液滴浸润接触角随温度的变化

观察图 3-9 可以发现，随着温度的降低（20～0℃），4 种样品表面的浸润接触角都有明显的上升。以样品 c 表面为例，在 20℃时，样品 c 表面的浸润接触角为 14.8°，而在 0℃时，样品 c 表面的浸润接触角则为 22.5°，上升幅度为 7.7°。而在样品 a、b 的表面上的浸润接触角上升幅度相对较大且几乎相同，达到 18.8°。为解释 4 种样品表面实验结果的差异，结合 4 种样品的形貌图（图 3-6）可以发现，导致浸润接触角有较大差异的直接原因是带有柱形微纳结构的表面相比于只有单一尺度的亚微米波纹结构的表面具有更好的亲水特性，当温度下降时，有效延缓了液滴在表面上的凝结。

从以上实验可以发现，与金属铜相比，金属镍在空气中放置时并没有发生明显的润湿功能特性自转变。这在之前的分析中已经解释过，可能是由于对空气中的有机物吸附能力不同才导致性质的差异。众所周知，固体表面亲水的原因是其表面具有很高的表面能，而想要获得疏水特性表面，就要降低表面能。因此，采用硅烷化低表面能处理的方法来降低金属镍的表面能，使其获得疏水特性。接下来的实验结果如表 3-1 所列，发现经低表面能处理后的样品表面都完成了从亲水特性到疏水特性的润湿功能特性转变，而未经处理的原样品表面的接触角也稍有提高，但润湿功能特性并没有发生太大的变化。进一步用 SEM 再次观测了各表面的微观形貌，如图 3-10 所示，各个样品在形貌上与低表面能处理前相比几乎一致，形貌上并没有发生明显改变，说明低表面能处理的方法并没有对其形貌造成影响。

表 3-1　低表面能处理后 4 种表面与未经处理的原样品表面接触角

| 样品 | a | b | c | d | 未经处理的原样品表面 |
|---|---|---|---|---|---|
| 接触角/(°) | 144 | 140 | 152 | 146 | 125 |

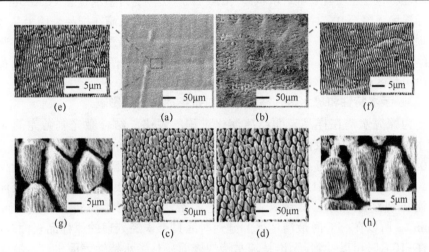

图 3-10　低表面能处理后金属镍表面形貌

接下来对低表面能处理后的 4 个疏水特性样品在温度为 20～−5℃时，每降低 5℃对液滴的表面接触角进行一次测量，结果如图 3-11 所示当温度下降至 0℃时，在未经处理的原样品表面上，水滴的温度达到了结冰所需的冰点温度，开始逐渐结晶成核。此时，所测得的接触角并不准确，因此没有在数据中表示出来。

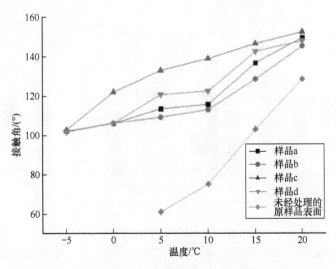

图 3-11　低表面能处理后样品表面接触角随温度的变化

如图 3-11 所示，4 种样品表面的接触角随温度的降低都有所下降，且下降趋势几乎相同。在温度下降至-5℃时，4 种样品表面都保持了疏水特性。而未经处理的原样品表面的接触角与其余 4 种样品相比，下降幅度较大，且表面润湿功能特性发生变化，从疏水状态（CA=125°）转变为亲水状态（CA=58°）。而当温度下降至 0℃时，因为达到水滴结冰的冰点，水滴在样品表面上从底部至顶端开始缓慢凝固，最后完全冻结在表面上。进一步观察也可以发现，带有微纳结构的样品表面与未经处理的原样品表面相比在任何温度下接触角都呈现出更好的疏水倾向效果。

**3. 亲水特性和疏水特性微纳结构对抗结冰特性的影响**

为探究水滴在样品表面结冰演化过程的规律，结合激光制备完的 4 种亲水特性表面与低表面能处理后的 4 种疏水特性表面，在低温下（-5℃、-10℃）进行了结冰延迟时间对比实验。数据采集与处理应用接触角测量仪进行。实验结果如图 3-12 所示，可以发现，在-5℃时未经处理的原样品表面上水滴出现结冰现象，其余样品表面上的水滴均未结冰（实验观察时间为1min），所以在-5℃时液滴结冰的延迟时间只有未经处理的原样品表面存在。而在-10℃时可以看到，无论是疏水特性表面还是亲水特性表面水滴结冰的延迟时间均大于未经处理的原样品表面，其中水滴结冰延迟时间最长的为样品 c，达到了 33s，与未经处理的原样品表面相比延迟时间增加了 1.36 倍，具有显著的抗结冰特性。同时对比图 3-8 与图 3-11 所示的润湿功能特性实验结果也可以发现，表面结冰延迟效果与低温润湿功能特性相符合。因此可以看出，在本实验中，液滴浸润性的强弱与疏水特性的强弱直接影响其表面的抗结冰性能。

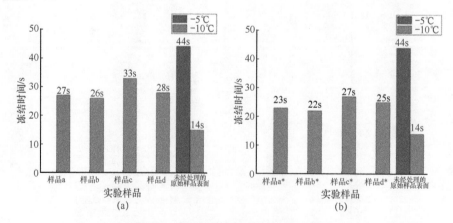

图 3-12　延迟时间随温度变化曲线图

（a）图为疏水特性表面与未经处理的原样品表面；（b）图为亲水表面与未经处理的原样品表面。

通过以上实验数据分析来看，拥有微纳结构的样品表面相比于未经处理的原样品表面具有更好的抗结冰特性，而具有微纳复合结构的表面相比于只有单一微米结构的表面拥有更好的抗结冰特性。疏水特性表面可以延迟结冰的原因在第 2 章已经充分讨论过。下面来讨论亲水表面产生结冰延迟的物理机制，亲水表面能有效延迟水滴结冰的原因是：在大气条件下，由于空气中 $CO_2$ 的分解，水的 pH 值通常在 5.6 左右，而表面与氨基相结合的酸度系数为 10。当基体表面存在液态水时（Wenzel 状态），表明样品表面上的氨基基团会以酸性的形式与水结合，形成具有高氨基浓度的水膜，且这种水膜仅在亲水状态时存在。与疏水特性表面结构中的空气穴阻止热量向液滴的传输来推迟表面结冰不同，亲水表面由于有高氨基浓度的水膜浸润在基体表面上，会使表面具有很高的电荷密度。此时，随着温度的降低，在基体表面上的高电荷密度水膜会逐渐凝结，因此局部电密度会升高。由于水膜中的电荷作用，降低了水滴结冰时所需的温度，使水结冰所需的冰点温度提高，所以液滴在基体表面上的冻结时间被进一步延长了。

综上所述，固体表面形貌影响着其自身的润湿功能特性，而表面润湿功能特性的差异进一步影响抗结冰性能的强弱。拥有微纳结构的样品表面相比于未经处理的原样品表面具有显著的抗结冰的特性，而具有微纳复合结构的表面相比于只有单一微米结构的表面拥有更好的延迟结冰特性。

### 3.3.4  疏水功能特性微纳结构对水滴回弹过程的影响

低温下样品表面的黏附性变化可通过水滴在样品表面的回弹过程来表征。通常情况下，疏水特性表面由于滚动角较小，所以对液滴的黏附力较低。当液滴从高处滴落至疏水特性表面时，会在表面发生多次回弹，但当疏水特性表面对液滴的黏附力升高时，回弹的次数就会逐渐降低，最终会由于表面对水滴的高黏附性能使水滴完全黏在表面，无法回弹。本实验利用接触角测量仪控温录像装置对水滴撞击疏水特性表面后的回弹过程进行拍摄，通过调节水滴的滴落高度和水滴与表面接触时的表面温度，对表面黏附性的变化进行了研究。

图 3-13 所示为水滴在样品 c 表面的液滴回弹过程。由图 3-13（a）可知，当体积 $V$=4.5μL 的水滴从滴落高度 h=10mm 处滴落，表面温度处于 20℃时，样品 c 表面对液滴表现出高的接触角与极低的黏附性，使水滴在样品 c 表面上连续回弹 3 次后才逐渐稳定。调节样品 c 表面温度至 10℃（图 3-13（b））时，液滴的回弹次数也在减少，仅为 1 次，而当样品 c 表面温度调节至−10℃（图 3-13（c））时，液滴已经被紧密地黏附在表面上，使其无法从样品 c 表面上回弹。而对于未经处理的原样品表面（图 3-14），当原样品表面温度为 20℃时（图 3-14（a）），就已经表现出了对水滴的超高黏附性，水滴

无法发生回弹。进一步将原样品表面温度下降至 10℃时发现实验现象并没有发生改变，水滴依旧无法发生回弹。直至原样品表面温度下降至-10℃时，由于水滴无法回弹且水滴达到冻结时所需冰点的温度，在与原样品表面接触25ms 后，水滴逐渐开始发生冻结现象，由于录像时间的缘故，没有在图中体现出来。

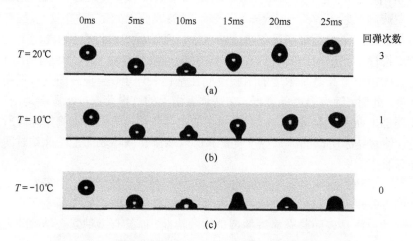

图 3-13　不同表面温度下液滴运动过程及回弹次数一

（（a）～（c）分别为当温度 $T$=20℃、10℃、-10℃时液滴在样品 c 表面的回弹过程）。

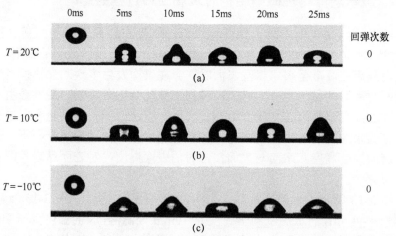

图 3-14　不同表面温度下液滴运动过程及回弹次数二

（（a）～（c）分别为当温度 $T$=20℃、10℃、-10℃时液滴在未经处理的原样品表面上的回弹过程）

由以上结果可知，样品 c 表面随着温度的降低，疏水特性也在逐渐减弱，表现为对水的黏附性增加。而与未经处理的原样品表面相比，具有微纳结构的疏水特性样品表面受黏附性的影响较小。当水滴与样品 c 表面接触时，由于疏水特性表面结构中空气夹层的作用，水滴在撞击表面时无法击穿空气夹层直接与结构内部表面相接触，所以水滴与样品 c 表面的接触面积相对较小，水滴回弹现象也就比较容易发生。而当样品 c 表面温度降低时，疏水特性表面虽然会保持疏水特性，但是样品 c 表面对液滴的黏附性能会比常温 20℃时大幅增加（图 3-13（c））。这是因为在温度较低时，由于样品 c 表面的温度低于周围的环境温度，周围环境中的水蒸气会在样品 c 表面发生冷凝现象，会使水滴更加轻易地渗入到材料表面的结构中去，此时水滴在样品表面上的状态也会由 Cassie 状态向 Wenzel 状态转变，表现为接触角降低、表面黏附性增大，回弹次数也就逐渐减少，最终无法回弹。

为了进一步了解低温下水滴的滴落高度对样品 c 表面黏附性能的影响，将样品 c 表面温度设置为 $T=-10℃$，使用体积 $V=4.5\mu L$ 的水滴，通过改变水滴的滴落高度 $h$（5mm、10mm、15mm）对其进行了研究。实验结果如图 3-15 所示，从图中可以看出，水滴滴落高度在 5mm 时，低温影响了表面对水滴的黏附效果，虽然水滴还可以保持回弹，但是也仅为一次。将水滴滴落高度分别调节至 10mm（图 3-15（b））、15mm（图 3-15（c））时再次进行实验，发现表面对液滴都表现出极高的黏附性，使其牢牢地黏在表面上。虽然因冲击动能的作用，使水滴接触样品 c 表面后反弹的力加大，上、下拉扯的幅度也变大，有脱离样品 c 表面的趋势，但是依旧无法完成水滴的回弹。而在未经处理的原样品表面图 3-16 中可以看出，无论滴落高度为多少，受到低温的影响，在与原样品表面接触后，液滴都不会发生回弹，并且随着时间的推移会发生冻结现象。

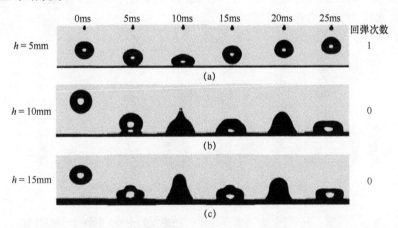

图 3-15　不同滴落高度下液滴回弹过程及回弹次数一
（（a）～（c）当液滴滴落高度 $h$ 为 5mm、10mm、15mm 时液滴在样品 c 表面的回弹过程）

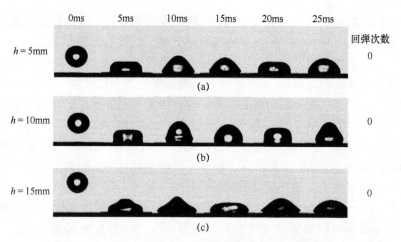

图 3-16　不同滴落高度下液滴回弹过程及回弹次数二

（（a）～（c）当液滴滴落高度 $h$ 为 5mm、10mm、15mm 时液滴在未经处理的原样品表面上的回弹过程）

　　实验结果表明，在低温下，水滴的滴落高度影响样品表面对水滴的黏附性能。在此实验中发现，当水滴滴落高度逐渐增大时，样品表面对水滴的黏附性能也在逐渐增大。产生这种现象的原因是，低温时，当水滴与样品表面发生碰撞后，水滴受自身重力及下落的冲击动能影响，会对样品表面的气相结构造成破坏。如图 3-17 所示，水滴将结构间的部分空气夹层击穿后，与结构内部的表面发生直接接触，导致表面对水滴黏附性增加。而在所有实验条件都相同的情况下，只增加水滴的滴落高度就相当于增加了水滴滴落时的起始冲击动能。当水滴与样品表面接触时，导致结构间会有更多的空气夹层遭到破坏。因此，表面对水滴的黏附力也就越来越强。

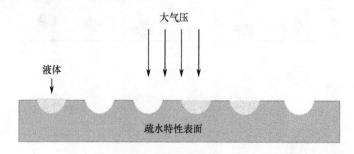

图 3-17　微纳结构中液体与固体接触示意图

## 3.4　液滴结冰条件下微纳结构冰黏附性能研究

　　冰黏附强度是指冰附着于材料表面的能力，材料表面黏附强度的大小决定了除冰的难易程度，通常通过冰黏附力除以冰附着面积进行表征。目前广泛应用的除冰技术既昂贵又费时，甚至给环境带来污染，所以很多研究者致力于减小冰黏附强度的研究，在预防结霜结冰危害的同时，降低除冰的成本。目前关于冰黏附强度的研究主要集中于涂覆低黏附涂层以改变材料表面特性、降低表面黏附强度。本节使用飞秒激光制备的微纳结构在低表面能处理后得到较为优异的疏水特性，对这些疏水特性表面进行冰黏附强度的测量与研究。

### 3.4.1　冰黏附强度测量装置构建及测量方法

目前还没有专业用于测量冰黏附强度的商业仪器。图 3-18 所示为冰黏附强度测量装置。该装置主要由样品部分、力测量部分（德国 Chatillo 公司测力计）、移动驱动部分（大恒光电公司平移台）和基板部分组成设计统一电控单元构成。具体测试过程为：首先将样品固定在控温台上，将去离子水注入玻璃管模具中，待在样品表面形成一个柱形的冰柱，这时控制电控开关将测力装置向前缓慢移动并推动模具，当冰柱在样品上发生移动时，此时测力计显示的数值即为冰黏附力的大小。

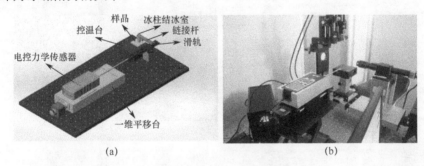

图 3-18　冰黏附强度测量装置的设计与构建
(a) 设计示意图；(b) 实际装置。

在实验中控温系统的温度恒定为−15℃，水滴会在 1～2min 内冻结成冰柱。通过将力传感器的铲形探针（防止冰柱扭矩过大折断）要以 0.5mm/min 的恒定速度推进到冰柱的侧面来测量从测试样品与冰柱分离时所需的力。使用步进电机驱动的运动平台控制探头速度，探针位于样品表面上方小于 2mm 处，以使冰柱上的扭矩最小化。记录最大断裂力数值，并除以冰基底界面的横截面积，则可以获得冰黏附强度。通过使用 MATLAB 软件的图像分析得到冰-基底界面的横截面积。

### 3.4.2　冰黏附强度测量及机理分析

图 3-19 所示为不同激光能量制备的表面形貌的 SEM 图，在激光能量较低时（0.025～0.2mJ），样品表面首先形成了亚微米波纹结构（图 3-19（a）～（d）；随着激光能量的增加（0.3～0.9mJ），波纹结构逐渐裂开，分裂出大小相似、

排列密集的柱形结构（图 3-19（e）～（k））；然后随着激光能量的进一步增加（1～1.5mJ）柱形微米结构逐渐增大，柱与柱之间的空隙也逐渐增大，形成多孔结构（图 3-19（i）～（q））；最后能量再增大时（1.6～2.2mJ）柱形微米结构横向连接在一起，呈现出沟壑状的趋势（图 3-19（r）～（x））。

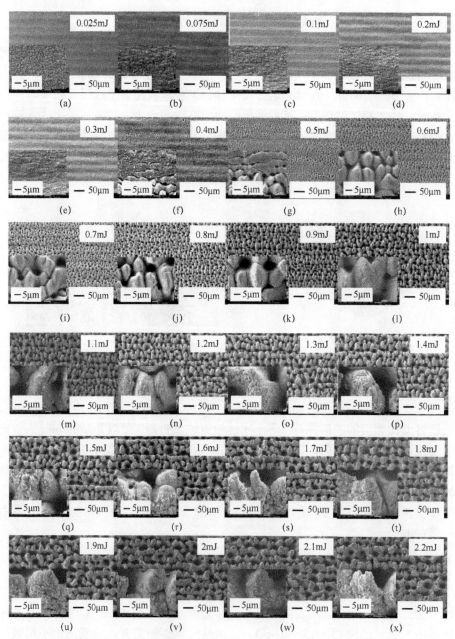

图 3-19　不同激光能量制备微纳结构样品表面的 SEM 图

通过上述测量方式，得到了不同形貌的金属镍表面的冰黏附强度，如图 3-20 所示，可以看出，微纳复合结构明显减小了冰黏附强度，与未经处理的原样品表面相比最多减少了约 4.2 倍。在激光能量较小时出现的亚微米波纹结构对冰黏附强度的减弱并不明显，当激光能量增加出现柱形微米与亚微米波纹的混合结构时，冰黏附强度大大减小且平均值波动不大。当激光能量进一步增大、纳米结构消失并且柱形微米结构不规则时，结果有些波动。因此，激光制备超疏水特性样品表面的最小冰黏附强度为柱形微米与亚微米波纹的混合结构。

如图 3-21 所示，将具有典型微纳结构（柱形 m1、m2、孔状 h1、h2、沟槽 g1、g2）的样品置于温控台上降温，样品表面温度稳定在−20℃之后，通过注射器在冰柱结冰室冻结具有相同表面接触面积的冰柱并测量冰黏附强度。

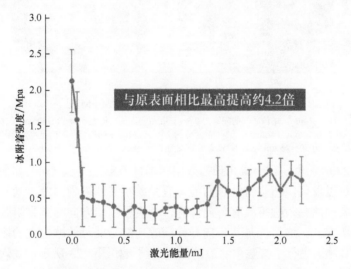

图 3-20　不同形貌金属镍表面的冰黏附性测量曲线

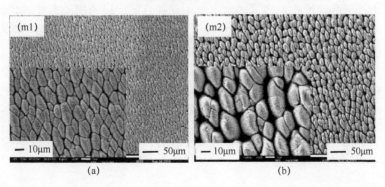

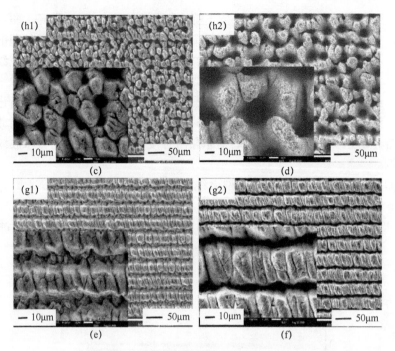

图 3-21　飞秒激光制备的微纳结构 SEM 图

m1 的结构尺寸为 5～30μm，结构之间的间隙为 0.5～1.5μm；m2 的结构大小为 10～40μm，结构之间的间隙为 2～10μm；h1 的孔大小为 5～20μm；h2 的孔尺寸为 25～55μm；g1 的沟槽凸起的宽度为 25～30μm，凹陷的宽度为 20～25μm；g2 沟槽凸起的宽度为 10～20μm，凹陷的宽度为 30～40μm。

　　图 3-22 所示为平行于激光扫描方向和垂直于激光扫描方向的冰黏附强度测量结果。可以发现，疏水特性表面能够有效减小其冰黏附强度，同时发现沟槽微纳结构表面冰黏附强度具有各向异性，垂直于沟槽方向的冰黏附强度远大于平行于沟槽方向。这可能与其各向异性润湿功能特性对结冰过程的影响有关。为了分析其原因进行了接触角滞后的测量，结果如图 3-23 所示，发现接触角滞后对冰黏附强度有直接影响，接触角滞后越大，冰黏附强度越大。仅通过接触角的大小不能准确地判断表面的疏水作用，并且还应当考虑动态接触角。

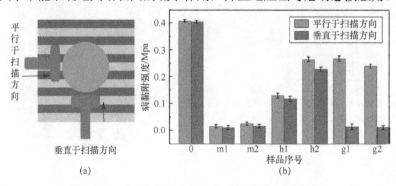

图 3-22　不同表面两个方向的冰黏附强度测量结果

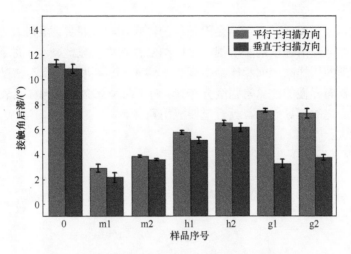

图 3-23　不同表面两个方向的接触角滞后测量结果

飞行器在云层中飞行时，进行防覆冰的表面多为运动表面，运动过程会产生气动阻力，如果表面冰黏附强度得到有效弱化，气动阻力便可带动除冰。而冰黏附强度各向异性的微纳结构表面的发现及机理研究，对于防覆冰微纳结构设计及应用具有一定的指导作用，具有重要应用意义。

# 3.5　小　结

在低温延迟结冰实验中，金属铜疏水特性微纳结构样品表面延迟结冰的时间与未经处理的原样品表面相比均有延长效果，在优化条件下，其结冰时间可延长 1 倍。进一步研究发现，微纳结构样品表面结冰推迟效果与其低温情况表面疏水特性相关，表面接触角越大，结冰推迟效果越好。由经典形核理论分析可知，较大的表面接触角，提供了更多微纳结构间隙的空气热阻，使基底与水滴传递热量变慢；同时，更大的接触角也降低了液滴与基底的接触面积，最终抑制了形核的产生，进而实现抗结冰性能。获得了飞秒激光制备出带有微纳结构的金属镍（6N）表面的亲水润湿功能特性，通过低表面能处理使金属镍微纳结构样品表面具有了疏水特性。研究了不同样品表面的低温润湿功能特性。实验发现具有微纳结构的样品表面在测试温度范围内均对水滴结冰有延迟效果，并且微纳复合结构的表面比仅有单一类型的微米结构表面具有更长的结冰延迟时间，其抗结冰效果更好。通过基底表面的动态液滴黏附性实验研究了基底表面对动态液滴抗结冰特性。研究结果表明，与未经处理的原样品表面相比，激光微纳加工后的样品表面的液滴黏附性（接触相互作用时间及面积）明显降低，从而有效地推迟了动态液滴的结冰。同时，表面温度与液滴下落高度共同影响了样品表面对水滴的黏附性能，从而影响表面的抗结冰特性。

通过对金属镍样品进行冰黏附强度的测量和实验研究，得到了疏水微纳结构对其表面冰黏附强度的影响规律，微纳复合结构明显地减小了冰黏附强度，与未经处理的原样品表面相比最多减少了约 4.2 倍。并且发现沟槽微纳结构样品可获得各向异性的冰黏附强度分布，这对于防覆冰微纳结构样品表面设计及应用具有一定的指导作用，具有重要应用意义。

# 第4章　基于润湿功能特性微纳结构的沸腾传热应用研究

## 4.1　概　述

在应用领域CHF与HTC的全面提升有利于保护传热表面并实现高效换热。本章中，利用飞秒激光在金属铜表面制备出典型沟槽微纳结构，该结构表面具有超亲水特性，并且还具有极强的毛细效应，可以使水沿着沟槽逆重力方向快速流动。通过改变微纳结构在整体样品表面的占比，实现沸腾传热特性的控制与优化，得到了样品沸腾传热性能全面提升的结果与物理机制。

## 4.2　金属铜表面微纳结构的制备与表征

实验样品制备采用光栅扫描的激光处理方式。在制备微纳结构之前，对样品表面进行研磨抛光处理，这一过程是为了确保样品表面的平整性和一致性，减小对微纳结构制备的影响。分别选取400目、600目、800目、1200目、1500目、2000目的砂纸水浴打磨金属铜样品，然后利用抛光机进行抛光，最后使用酒精与去离子水进行超声波清洗。抛光后样品表面的平均表面粗糙度（真实面积与投影面积比值）为0.1。

### 4.2.1　沟槽微纳结构的制备

图4-1所示为飞秒激光光栅扫描制备样品的示意图，选用了金属铜作为实验样品，利用飞秒激光进行光栅式扫描微纳加工获得沟槽微纳结构。首先依次摸索激光聚焦位置、扫描间距、激光扫描速度及激光能量等参数优化沟槽微纳结构。样品表面置于聚焦位置处，调节激光能量、扫描速度、扫描间距，改变激光扫描区域的不同占比 $S$ 制备出不同的微纳结构。

表4-1所示为具体制备方案，扫描方向分为 $X$ 与 $Y$ 两个扫描方向，扫描方式分为3种，即不扫描、占比扫描、全扫描，先进行 $X$ 方向扫描，后进行 $Y$ 方向扫描，其中间隔扫描按照激光扫描区域占比分为 1/4、1/2、3/4

这 3 种。作用过程中两个扫描方向的扫描方式保持一致，得到参与激光扫描制备的 11 块样品，图 4-2 所示为制备表面的示意图，图 4-3 所示为制备后的样品照片。可以看出，根据每块样品激光扫描参数的不同对它们分别进行了标号，其中 A I 表示未经过激光处理的原样品，B II 1/4 表示网格面样品，B III 1/4 表示二维半间隔扫描面样品，以此类推，图 4-2 和图 4-3 中均有标注。

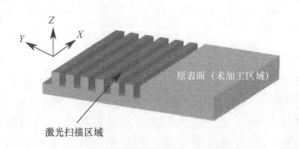

图 4-1  金属铜表面沟槽微纳结构制备示意图

表 4-1  T2 金属铜扫描方案（浅灰色区域重复）

| | X | I | II | | | III | | |
|---|---|---|---|---|---|---|---|---|
| | Y | 不扫描 | 占比扫描 | | | 全扫描 | | |
| A | 不扫描 | A I | A II 1/4 | A II 1/2 | A II 3/4 | A III | | |
| B | 占比扫描 | | B II 1/4 | B II 1/2 | B II 3/4 | B III 1/4 | B III 1/2 | B III 3/4 |
| C | 全扫描 | | | | | C III | | |

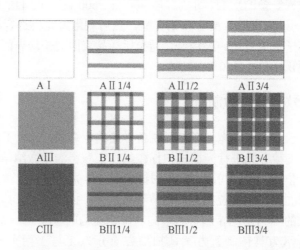

图 4-2  T2 金属铜制备样品示意图（浅灰色为一重扫描；深灰色为双重扫描）

66

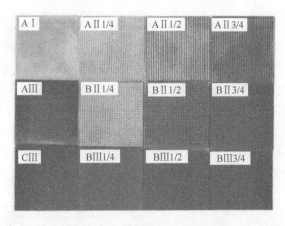

图 4-3　T2 金属铜制备样品实物

## 4.2.2　样品表面形貌及润湿特性表征

制备样品后，利用扫描电子显微镜（SEM）对样品表面形貌进行观测，使用原子力显微镜（AFM）和激光扫描共聚焦显微镜（CLSM）对形貌尺寸进行测量，量化表面微观粗糙程度。使用接触角测量仪（Dataphysics OCA15EC）表征样品表面润湿功能特性，在室温（23℃）条件下测量样品的接触角，利用 G21 针头（直径 21mm）将水滴轻落在测量表面，忽略重力等动力学影响，接触角测量时间控制在 1s 以内。

首先分析一维沟槽结构表面。图 4-4 所示为一维沟槽分布表面特性测量结果，可以看出激光制备表面粗糙度要明显高于未经处理的原样品表面。未经处理的原样品表面粗糙度主要来源于表面抛光处理造成的划痕，而激光制备表面粗糙度主要来源于微米沟槽结构和覆盖于微米结构的次级纳米结构。可以看到，激光制备后样品表面形成了沟槽微纳结构，沟槽沿着激光扫描方向，沟槽阵列具有类周期性，周期沿着垂直于激光扫描方向存在，并且沟槽间距约为 60μm。将激光处理区域结构近似认为一致，选取 $S=1/2$ 表面激光扫描区域进行 SEM 放大观测，得到图 4-4（f）～（h）所示的微观形貌。从图 4-4（g）、（h）可以看到沟槽微纳结构表面还存在次级的亚微米结构，条纹间距约为 800nm。从图 4-4（f）还可以观测到沟槽微纳结构凸丘本身沿着沟槽方向的高低起伏分布，结构会呈现网格形态并且出现亚微米级的孔洞。沟槽微纳结构凸丘边缘以及凹壑内部覆盖有大量的纳米颗粒层。沟槽微纳结构可以在水基环境中提供很强的液体毛细流动。随着扫描周期区域占比 $S$ 的增加，表面粗糙度增加，体积比增大。从图 4-4（i）与图 4-4（j）分别看到未经处理的样品原表面接触角值是 78°，激光制备样品 AⅢ的接触角数值接近 0°。从润湿功能特性角度来看，非激光处理区域相对亲水，激光处理区域则为超亲水状态，这种微纳结构占比表面称为拼接表面，其表面呈结构与润湿功能特性的交替分布。总结来讲，激光制备后的金属铜表面区域具有毛细效应强、润湿功能特性明显以及比表面积高的 3 个特点。

接下来分析下不同扫描占比 $S$ 值的网格表面与二维半间隔扫描面。图 4-5 所示为同样放大倍数下的 SEM 图，从图中可以看出，激光处理表面较未经处理的原样品表面有一定的烧蚀深度，但是双重扫描的区域深度更大，更容易产生凹坑结构。此外，在测量双重二维全扫描表面与一维全扫描表面的润湿功能特性时发现它们具有类似的超亲水特性，接触角均接近 0°。因此沟槽微纳结构扫描表面、网格表面以及二维半间隔扫描表面同沟槽微纳结构表面一样能够出现表面的空间交替润湿等特性。

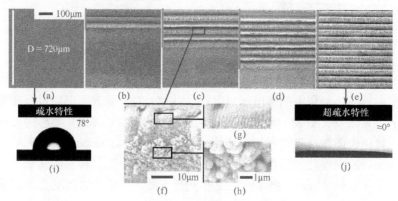

图 4-4　一维沟槽分布表面特性测量结果

（a）光表面金属铜 SEM 图（扫描周期 $D$=720μm，选取一个扫描周期区域，按照微纳结构占比 $S$ 扫描光表面）；（b）～（e）以 $S$=1/4、$S$=1/2、$S$=3/4、$S$=1（线条标出）制备出的沟槽微纳结构表面同倍数下的 SEM 图；（f）～（h）槽状微纳结构的放大图；（i）和（j）原材料表面与全扫描材料表面接触角阴影成像图（接触角分别约为 78°与 0°）。

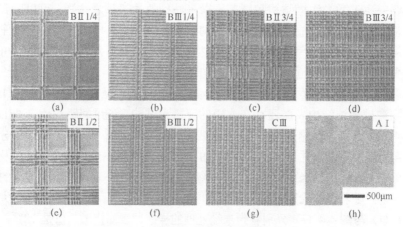

图 4-5　相同放大倍数下的样品 SEM 图

（a）～（f）以 $S$=1/4、$S$=1/2、$S$=3/4 时制备出的槽状微纳结构网格表面与二维半间隔扫描面；（g）、（h）二维全扫描表面与光表面 SEM 图。

## 4.3　沸腾传热特性测量系统的构建及性能表征

### 4.3.1　沸腾传热实验装置搭建及实验方法

图 4-6 所示为沸腾传热实验系统示意图，沸腾传热实验系统主要分为加热装置与沸腾池体系统两部分，此外还有负责数据收集的系统。加热平台由金属铜柱内镶嵌陶瓷加热棒（单棒最高功率 600W），加热电源由可控硅调压器与 PID 控制器利用 380V 星形接法供给 7 个棒加热，加热装置连接沸腾池系统并为其从底部提供热源。数据收集系统包括温度实时采集器和记录沸腾气泡形态的高速相机。

沸腾传热实验装置的主体是沸腾池体系统，要连接在加热系统之上，沸腾池体系统包括最上部固定于密封盖的冷凝系统与辅助加热器、中部的石英池体以及底部传热绝热材料构成的样品槽。图 4-7 所示为沸腾池体细节示意图，沸腾池体中部的石英池体是双面抛光的石英槽，上盖为 304 不锈钢，流质选择去离子水，沸腾池流体内部插入辅助浸没式加热棒（PID 控制器控温）加热，保证流质的饱和沸腾状态，沸腾池装置包含一个蒸汽冷凝单元（图 4-6），冷凝后的流质又返回到液体中，减少液体的损失，这使装置保持了液面的恒定，同时由于冷凝装置的存在维持了内部的气压稳定。沸腾池体系统通过与加热系统之间加金属铜块保证热流均匀向上供热，金属铜块周围包裹环氧树脂层，用于绝热减少热量的横向流失。沸腾传热实验会将样品利用导热硅脂紧紧黏附于金属铜块上表面。

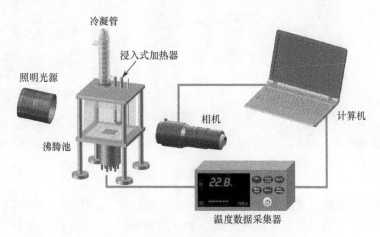

图 4-6　沸腾传热实验系统示意图

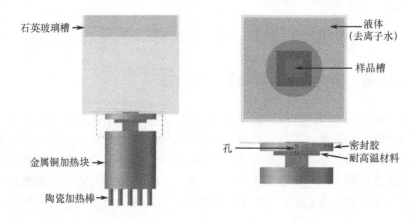

石英玻璃槽

液体
（去离子水）

样品槽

孔

密封胶

耐高温材料

金属铜加热块

陶瓷加热棒

图 4-7　沸腾池体（带加热柱）细节示意图

如图 4-7 所示，可以看到传热金属铜块在轴向（纵向）分布有 3 个机械加工的孔，加工孔的目的是探测轴向孔位置处的温度，确定轴向的温度分布。由于用热偶线测温，将孔称为热偶孔，热偶孔沿着轴向从最上到最下依次编号为孔 1、2、3，热偶线测量热偶孔的温度从上到下依次为 $T_1$、$T_2$、$T_3$。从加热系统向沸腾池系统传热距离短、传热能量高，于是将金属铜块内部到样品直至近表面流质区域的轴向传热均近似为一维稳态传热，定义这段轴向的一维稳态传热区域为轴向区域。此沸腾实验系统实物照片如图 4-8 所示。

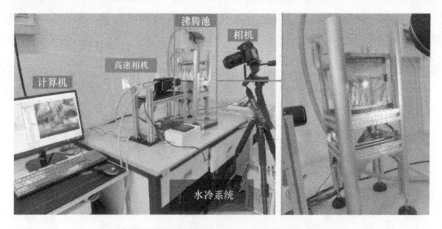

沸腾池

相机

高速相机

计算机

水冷系统

图 4-8　沸腾传热实验系统实物及其放大图

傅里叶传热公式应用于衡量固体中热传导的程度，单位时间流过轴向区域的单位面积的热量定义为热流密度（单位为 $W/m^2$），可以通过傅里叶传热公式计算得到，即

$$q'' = -k\frac{dT}{dx}$$

（4-1）

式中：$q''$ 为热流密度；$k$ 为纯金属铜的热导率，$k=401\text{W}/(\text{m}\cdot\text{K})$；$dT/dx$ 为温度在轴向随距离的微分；负号代表热流密度沿着温度单调递减的方向正流动，热量由高温向低温流动。

因为轴向近似为一维稳态传热，所以实验上可以利用 $\Delta T/\Delta x$ 估算温度微分的数值，$\Delta T$ 为热偶孔之间的温差，对应轴向间距为 $\Delta x$。$\Delta x$ 分别取 $\Delta x_{12}$ 与 $\Delta x_{13}$，对应热偶孔之间温差 $\Delta T_{12}$、$\Delta T_{13}$。因此，式（4-1）可以改写为

$$\frac{dT}{dx} = \left(\frac{\Delta T_{12}}{\Delta x_{12}} + \frac{\Delta T_{13}}{\Delta x_{13}}\right)\Bigg/2 = \left(\frac{T_1 - T_2}{\Delta x_{12}} + \frac{T_1 - T_3}{\Delta x_{13}}\right)\Bigg/2 \qquad (4\text{-}2)$$

根据式（4-2），取 $\Delta T_{23}/\Delta x_{23}$ 平均值得到 $dT/dx$，热流密度的计算需要尽量向传热界面近似，热偶孔 2、热偶孔 3 远离样品表面，所以在计算平均值时不考虑 $\Delta T_{23}/\Delta x_{23}$。

轴向区域从金属铜块内部到样品表面同样近似是一维稳态的热传导，即

$$\frac{dT}{dx} = \left(\frac{\Delta T_{12}}{\Delta x_{12}} + \frac{\Delta T_{13}}{\Delta x_{13}}\right)\Bigg/2 = \left(\frac{T_1 - T_2}{\Delta x_{12}} + \frac{T_1 - T_3}{\Delta x_{13}}\right)\Bigg/2 \qquad (4\text{-}3)$$

实验中可以根据绝热流密度与轴向距离（1 号热偶点距离样品表面的等效间距 $\Delta x'$）反推得到温差（1 号热偶点与样品表面的温度差 $\Delta T'$），进而根据计算得到的温差 $\Delta T'$ 与测量得到的接近样品表面 1 号热偶点温度 $T_1$ 计算出样品表面温度 $T_{\text{sur}}$。

样品层与导热硅脂层在一维传热计算时将其近似视为金属铜块，$k$ 的数值是按照金属铜的导热参数计算的，但是导热硅脂的热导率要比纯金属铜低很多，在一维稳态传热推算表面温度时利用金属铜的热导率值作为轴向区域热导率，所以在计算时刻导热硅脂的等效厚度要大于实际涂层厚度，在一系列实验装置条件摸索过程后将等效间距 $\Delta x'$ 等效数值为 2mm。

过热度 $\Delta T_{\text{wall}}$，定义为样品表面超出饱和液体温度的温度差值，饱和去离子水温度 $T_{\text{sat}} = 99.8^\circ\text{C}$（吉林长春地区），有

$$\Delta T_{\text{wall}} = T_{\text{sur}} - T_{\text{sat}} \qquad (4\text{-}4)$$

轴向区域还包括近样品表面流体区域，定义表面与流体接触界面的传导热传输（界面下部固体区域）与对流传热（界面上部流质）之间的交换热传输符合 Robin 条件，如图 4-9 所示。通过界面前后的热流密度是保持一致的，即通过固定样品表面的热流密度一致，但是界面存在温差。图 4-9（b）中，直线①与曲线②、③分别是沿着轴向区域几何尺度的热流密度与温度分布曲线，可以看到热流密度不变，温度在界面处数值的不连续性。

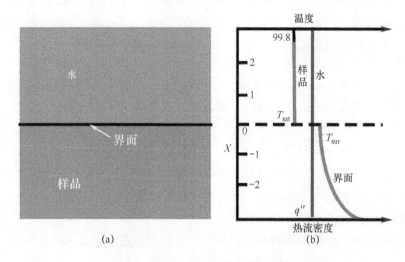

图 4-9　界面换热的 Robin 条件示意图

在界面符合 Robin 条件的基础上，傅里叶换热公式所计算得到的热流密度在固液边界处不变。利用式（4-5）与热流密度可以得到界面的热传导系数 $h$，表示在某一个热流密度条件下，产生界面温度差 1K 需要界面单位面积、单位时间通过的热量（单位：$W/(m^2 \cdot K)$），即

$$h = \frac{q''}{\Delta T_{\text{wall}}} \tag{4-5}$$

### 4.3.2　沸腾传热实验结果与分析

由于存在金属铜块打孔的机械加工误差（尤其是垂直方向），在确定一维稳态传热的条件下，根据光滑表面金属铜的沸腾曲线首先确定间隔 $\Delta x_{13}$，间隔 $\Delta x_{13}$ 确定为 1.5mm。如图 4-10 所示，利用两个间距之间热流密度的离散数据（光滑金属铜表面）进行数据对比，得到 $\Delta x_{12}$。根据离散数据的匹配度利用相关性关系与曲线直观对比可以分析得到，相关性利用皮尔森（Pearson）乘积矩相关系数 $r$ 决定，相关系数公式为

$$r = \frac{\sum_{i=1}^{n}(q''_{12i} - \overline{q''_{12}})(q''_{13i} - \overline{q''_{13}})}{\sqrt{\sum_{i=1}^{n}(q''_{12i} - \overline{q''_{12}})^2}\sqrt{\sum_{i=1}^{n}(q''_{13i} - \overline{q''_{13}})^2}} \tag{4-6}$$

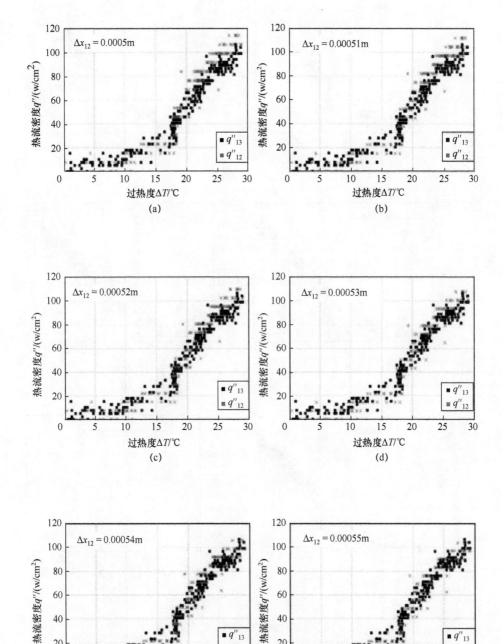

(a)  (b)

(c)  (d)

(e)  (f)

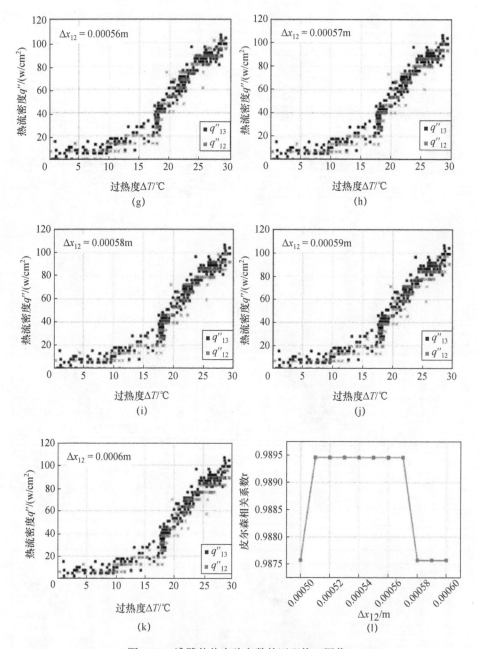

图 4-10 沸腾传热实验参数的匹配修正图像

（a）～（k）热流密度的离散数据匹配散点图；（i）热流密度皮尔森相关系数随 $\Delta x_{12}$ 变化的曲线。

  图 4-10（a）～（k）中数据的拟合度越高对应得到间隔 $\Delta x_{12}$，可以看到 $\Delta x_{12}=0.5$mm 时高过热度区间内的匹配程度低，低过热度区域点重合率很高，随着 $\Delta x_{12}$ 值的增加，$0.51\sim0.57$mm 离散点的重合程度不管是低还是高，过热

度区间均很高，超过 0.57mm 之后在高过热度时能很好地吻合，但是在低过热度时出现较明显的偏离。从图 4-11 中可以看到，高的皮尔森相关系数的值越接近 1，与热流密度吻合曲线一致 $\Delta x_{12}$ 取 0.51～0.57mm 时数据吻合程度高，为了方便计算，实验计算取用的间隔 $\Delta x_{12}$ 数值确定为 0.55mm。

实验开始装入样品，注入去离子水，开启水冷系统，利用浸入式加热器将去离子水加热至饱和沸腾状态，缓慢提升底部加热系统的供热功率，全程记录热偶点温度数据。根据热偶点温度数据及以上理论公式计算得到图 4-11 所示沸腾曲线（过热度与热流密度的关系曲线），样品有未经处理的原样品以及飞秒激光制备的微纳结构金属铜样品，实际沸腾曲线是由离散的点组成的，点的密集排布构成了准确的实时沸腾曲线。其中沸腾曲线均处于核态沸腾区域，即曲线的顶端为热流密度达到 CHF。

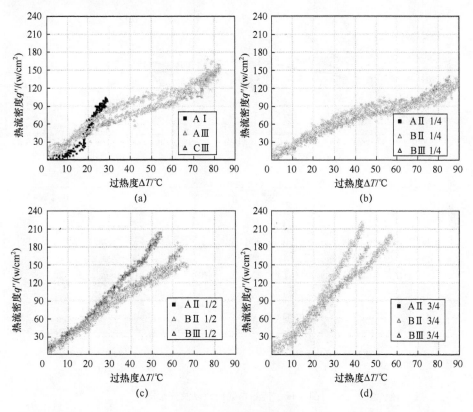

图 4-11 沸腾传热曲线

图 4-11 所示为 12 种表面的沸腾曲线，可以看到各个沸腾曲线都有明显的区域分布并具有一定的规律。图 4-11（a）所示为未经处理的原样品表面、一维全扫描与二维全扫描的沸腾曲线，可以看到未经处理的原样品表面在过热度为 28℃（过热度摄氏度单位与热力学温度单位一致）时达到 CHF 点，其值约

为100W/cm²，全扫描表面与二维全扫描表面曲线几乎重合，在过热度为83℃时达CHF点，数值约为150W/cm²。同样地观察图4-11（b）～（d）可以发现，同一占比扫描，一维、二维与二维半间距扫描表面的沸腾曲线很相似，吻合度较高，而不同扫描占比条件下沸腾曲线差别较大。这就说明双重扫描结构对沸腾传热性能影响较小，推测造成这种结果的原因是多重结构带来的沸腾传热性能影响达到平衡，双重结构破坏了沟槽微纳结构的毛细效应，换热表面积增大使换热增强的影响不占主导作用。因此，在维持沟槽微纳结构的基础上，扫描间距S的数值才是决定沸腾曲线变化的关键因素。在接下来的分析中，只考虑一维槽分布表面、一维全扫描面及未经处理的原表面，结合它们的沸腾曲线分析，将离散的数据点取样得到沸腾曲线，如图4-12（a）所示。

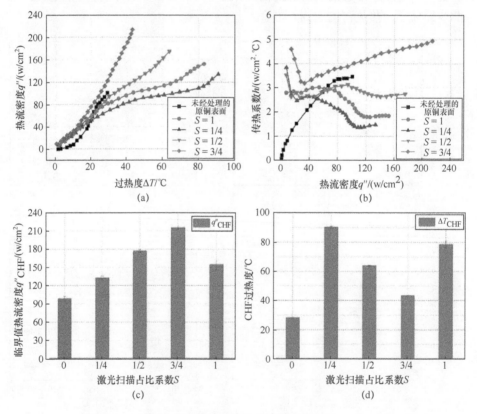

图4-12　传热系数曲线以及柱形图

（a）、（b）不同S值表面沸腾曲线与传热系数曲线；（c）、（d）CHF值与CHF过热度在不同S值表面时柱形图。

图4-12（a）所示的沸腾曲线比较了未经处理的原样品表面和飞秒激光制备的微纳结构表面的传热差异。就沸腾曲线来讲，曲线越陡就表明单位过热度传输越多的热量，CHF值表示核态沸腾阶段表面允许通过的最大热流密度，曲

线末端对应的过热度（CHF 的过热度）越大，表明表面达到 CHF 时的温差越高，表面核态沸腾状态所能承受的表面温差越高，这有利于核态沸腾状态下对工作样品表面的保护。从图 4-12（a）中可以看出，原金属铜表面在过热度为 28℃时很快达到 CHF，约为 $100 \text{W/cm}^2$。观测所有样品表面沸腾曲线，有结构表面 CHF 都比未经处理的原样品表面高，CHF 值为 135～220 $\text{W/cm}^2$，最高 CHF 出现在微纳结构占比 $S$=3/4 的表面，较未经处理的原样品表面提升了 120%。从横坐标来看，还发现激光扫描制备后表面的 CHF 过热度均高于未经处理的原样品表面。从曲线整体对比来看，有结构表面 CHF 的数值与对应 CHF 的过热度成反比，CHF 值高的扫描表面到达 CHF 时的过热度小；反之亦然。具体对应数值如图 4-12（c）、（d）所示，从中可以看到，飞秒激光制备结构表面过热度延迟（CHF 的过热度）均高于未经处理的原样品表面 28℃，提升 30%～200%（10～60K）,CHF 过热度达 78℃，随着 $S$ 值的增加，其 CHF 的过热度逐渐减小，当 $S$=1/4、$S$=1/2、$S$=3/4 时，制备样品表面分别对应 CHF 的过热度值约为 40℃、62℃、88℃。因此，在核态沸腾传热过程中，拼接结构表面可以很好地提升沸腾传热性能。微纳结构占比 $S$ 较高，能够大量迅速地换热，$S$ 较小时能够在优于未经处理的原样品表面传热前提下很好地延迟表面 CHF，达到保护样品表面的目的。

图 4-12（b）所示为 HTC 曲线，根据定义，利用如图 4-12（a）所示数据计算得到，表征 HTC 与热流密度的函数。对小于 $50\text{W/cm}^2$ 的热流，可以通过 HTC 数值来区分 3 组样品表面。未经处理的原样品表面 HTC 最低，微纳结构样品表面（$S$=1/4、$S$=1/2、$S$=1）显示 HTC 数值处于中间，而 $S$=3/4 样品表面的 HTC 曲线值最高。对于热流密度为 50～100 $\text{W/cm}^2$，未经处理的原样品表面 HTC 缓慢上升，而 $S$=1/4、$S$=1/2、$S$=1 样品表面 HTC 曲线开始分离，判断其原因是微纳结构表面超亲水区域较少，核态位点过少导致了 HTC 曲线下降。热流密度超过 100 $\text{W/cm}^2$ 后只考虑微纳结构表面的换热，可以发现 HTC 曲线与沸腾曲线呈正相关。综合沸腾曲线的结果可以看到，飞秒激光制备的微纳结构表面可以增强 CHF，虽然在 60～100 $\text{W/cm}^2$ 热流密度范围内交替结构样品表面存在 HTC 的减小，但是微纳结构样品表面较未经处理的原样品表面更适用于更高热流密度的核态沸腾情况。值得一提的是，经优化扫描占比 $S$=3/4 的交替结构样品表面 CHF 与 HTC 均有显著提高。

从实验数据来讲，在核态沸腾传热过程中，沟槽微纳结构表面可以很好地提升沸腾传热性能，扫描比例 $S$ 较高，能够大量迅速地换热，扫描占比 $S$ 较小时，能够在优于原样品表面传热前提下很好地延迟表面 CHF，达到保护表面的目的。

### 4.3.3 沸腾传热的计算流体动力学模拟

从实验结果分析，飞秒激光制备的微纳结构表面尤其是高 $S$ 值的表面，对于 CHF 与 HTC 的增强效果需要从结构表面润湿功能特性、结构交替以及毛细效应考虑。这 3 种因素会带来水基环境中的样品表面附近区域两相的不稳定扰动，对于沸腾传热过程界面的相变效率、气泡的动力学脱离以及抑制气膜的形成有着关键的影响。根据二维 $Y\text{-}Z$ 面，利用 Fluent 软件进行沸腾传热气泡动力学的数值模拟，如图 4-13 所示，从模拟的角度分析流体扰动对于沸腾传热性能的影响机制。

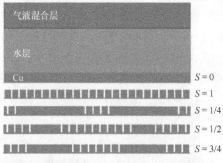

图 4-13  沸腾传热气泡动力学的数值模拟

### 1. 模拟方案

#### 1）模拟流程

利用 Fluent 软件计算流体动力学软件对沸腾相变过程进行动力学的模拟，能够对沸腾过程中的物理机制进行更好地解释。瞬态传热过程与相变状态是模拟的重点。主要基于界面结构与润湿功能特性这两个因素进行模型的建立，研究拼接表面的沸腾传热动力学特性，分析拼接表面气泡动力学过程。模拟流程图如图 4-14 所示。

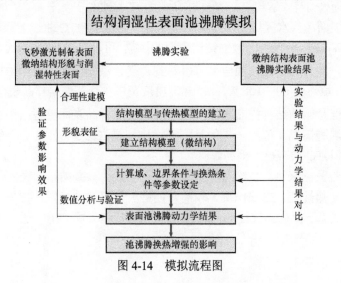

图 4-14  模拟流程图

软件主要有 CATIA V5R20、ICEM、Fluent（ANSYS 17.0 模块）、Tecplot 360。如表 4-2 所列，各个软件在模拟过程中起着不同的作用。

表 4-2　几种软件的应用

| 名称 | 功能 |
| --- | --- |
| CATIA V5R20 | 建立固体流体的几何模型 |
| ICEM | 构建计算域的网格（包含界面耦合、边界名称） |
| Fluent | 构建计算环境，计算流体动力学 |
| Tecplot 360 | 数据后处理 |

在构建结构模型之前，需要确定固体流体物质、计算区域、边界条件、热源参数以及理论相变模型等。模拟计算域边界示意图如图 4-15 所示。

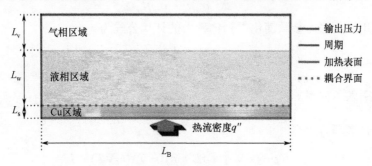

图 4-15　模拟计算域边界示意图

2）理论模型

理论模型主要分为相体积分数模型（VOF 模型）、包含能量模型以及动量模型。VOF 模型思路就是通过对两个相位蒸汽和水的体积分数连续性方程的求解，从而实现对相之间界面的区域追踪。流体区域只有蒸汽和水，定义流体单位区域为 1，其中蒸汽占单位区域的比例为 $\alpha_v$，水的占比为 $\alpha_w$，由于这两相不可压缩，其关系式为

$$\alpha_v + \alpha_w = 1 \tag{4-7}$$

对于单元格来讲这种体积的占比决定该单元格是单相还是混合相（两相）。相变过程中在相界面会产生随着能量转移带来的质量转移交换，相变的过程影响着相体积分数的变化。相界面处的体积分数方程是连续性的，对于蒸汽和水相变来讲，有以下连续性方程：

水向蒸汽转化，即

$$\frac{\partial}{\partial t}(\alpha_v \rho_v) + \nabla \cdot (\alpha_v \rho_v \boldsymbol{v}_v) = \dot{m}_{wv} \tag{4-8}$$

蒸汽向水转化，即

$$\frac{\partial}{\partial t}(\alpha_{\mathrm{w}}\rho_{\mathrm{w}}) + \nabla \cdot (\alpha_{\mathrm{w}}\rho_{\mathrm{w}}v_{\mathrm{w}}) = \dot{m}_{\mathrm{vw}} \tag{4-9}$$

式中：$\rho_{\mathrm{v}}$ 与 $\rho_{\mathrm{w}}$ 分别为水蒸气与水的密度；$v_{\mathrm{v}}$、$v_{\mathrm{w}}$ 为水蒸气和水的速度，界面处各相速度连续 $v_{\mathrm{v}} = v_{\mathrm{w}}$；$\dot{m}_{\mathrm{vw}}$ 为水蒸气向水相变的体积转移质量（kg/s）；$\dot{m}_{\mathrm{wv}}$ 为水向水蒸气相变的体积转移质量。这两个质量转移方程可以理解为相变过程的质量转移必然带来各相体积的重新分布。VOF 模型包含动量方程为

$$\frac{\partial}{\partial t}(\rho v) + \nabla \cdot (\rho v) = -\nabla p + \nabla \cdot \left[ \mu(\nabla v + \nabla v T) \right] + \rho g + F \tag{4-10}$$

式中：$T$ 为温度；$g$ 为重力加速度；$P$ 为压强；$F$ 为体积力。密度 $\rho$ 与动态黏度 $\mu$ 根据 VOF 模型按相体积分数加权代替，有

$$\rho = \alpha_{\mathrm{v}}\rho_{\mathrm{v}} + \alpha_{\mathrm{w}}\rho_{\mathrm{w}} \tag{4-11}$$

$$\mu = \alpha_{\mathrm{v}}\mu_{\mathrm{v}} + \alpha_{\mathrm{w}}\mu_{\mathrm{w}} \tag{4-12}$$

利用表面张力参数简化得到体积力的计算公式为

$$F = \sigma_{\mathrm{vw}} \frac{\rho s \nabla \alpha}{0.5(\rho_{\mathrm{v}} + \rho_{\mathrm{w}})} \tag{4-13}$$

其中，引入了曲率 $s = \nabla \cdot \dfrac{\nabla \alpha}{|\nabla \alpha|}$。

能量源项方程为

$$\frac{\partial}{\partial t}(\rho E) + \nabla \cdot \left[ v(\rho E + p) \right] = \nabla \cdot (k_{\mathrm{f}}\nabla T) + S \tag{4-14}$$

式中：$E$ 为替代能量，$E = \dfrac{\alpha_{\mathrm{v}}\rho_{\mathrm{v}}E_{\mathrm{v}} + \alpha_{\mathrm{w}}\rho_{\mathrm{w}}E_{\mathrm{w}}}{\alpha_{\mathrm{v}}\rho_{\mathrm{v}} + \alpha_{\mathrm{w}}\rho_{\mathrm{w}}}$；$S$ 为能量源项，该能量源项利用潜热与相变体积、质量转移之间建立关系。

能量方程的能量源项可以用传质速率乘以潜热得到。

水向水蒸气转化，即

$$S_{\mathrm{wv}} = h_{\mathrm{wv}}\dot{m}_{\mathrm{wv}} \tag{4-15}$$

水蒸气向水转化，即

$$S_{\mathrm{vw}} = h_{\mathrm{vw}}\dot{m}_{\mathrm{vw}} \tag{4-16}$$

式中：$h_{\mathrm{wv}}$ 与 $h_{\mathrm{vw}}$ 均为相变潜热。

VOF 模型为多相流换热提供理论基础，Fluent 中对应 VOF 模型具体的蒸发冷凝相变模型（Evaporation-Condensation Model）则进一步表述了在沸腾相变中体积质量转移量，采用 Lee Model 为主相变模型计算瞬时的质量转移。Lee 模型与 VOF 模型搭配，在此过程中水与水蒸气质量转移受水蒸气（低密度）转移方程控制，即

$$\frac{\partial}{\partial t}(\alpha_{\mathrm{v}}\rho_{\mathrm{v}}) + \nabla \cdot (\alpha_{\mathrm{v}}\rho_{\mathrm{v}}v) = \dot{m}_{\mathrm{wv}} - \dot{m}_{\mathrm{vw}} \tag{4-17}$$

可以发现，此方程同 VOF 模型的相界面追踪方程是一致的。对于蒸发冷凝模型不同的温度范围，其对应不同的相变状态。简单来讲，就是温度超过设定的蒸发冷凝饱和温度 $T > T_{sat}$ 为蒸发，满足

$$m_{wv} = coeff \cdot \alpha_w \rho_w \frac{T_{sat} - T_w}{T_{sat}}$$ （4-18）

温度低于设定的饱和温度 $T < T_{sat}$ 为冷凝，则

$$m_{vw} = coeff \cdot \alpha_v \rho_v \frac{T_{sat} - T_v}{T_{sat}}$$ （4-19）

在本模拟过程中 $coeff$ 数值设置为 100，需要根据实际情况进行优化。

表面张力是流体中分子间存在相互作用引力的结果。水蒸气单相或者水单相中分子的合力为 0。但是在不同相接触的表面上，由于界面分子合力平衡被打破，合力是沿着界面径向的，力在整个接触曲面上的径向分量的共同作用是使表面收缩或者膨胀，从而增加了表面内外的压力。表面张力的存在平衡了界面内外的分子间引力和通过样品表面的径向压力梯度力。表面张力可以用来辅助表征界面的接触角。在 ANSYS Fluent 中，用到连续体表面力（CSF）与壁面黏附设定流质不同相之间的表面张力，再根据情况在边界条件设置接触角。表面张力对三角网格和四面体网格的计算精度不如四面体网格和六面体网格的计算精度高，也是因为这个原因划分网格采用四边形网格。

**2. 模拟结果**

通过模拟结果最终得到图 4-16 所示的各个表面处在单气泡动力学 4 个过程时刻（气泡初始产生、气泡融合、气泡生长、气泡脱离）界面上方 25μm 处流体平均速度曲线。

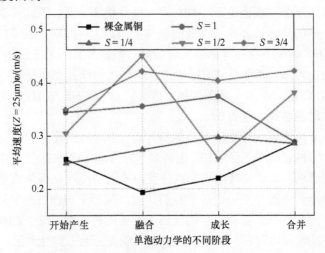

图 4-16　各扫描表面上方 25μm 区域的模拟平均流体速度在不同气泡动力学状态的变化曲线

对比沸腾曲线可以看到，沸腾曲线陡峭与流体平均速度呈现对应关系。未经处理的原样品表面界面扰动小，气泡不易脱离，不利于提高 CHF。$S=1/4$ 样品表面，在未处理区域气泡会形成跨区域的气膜，从而达到莱顿佛罗斯特点，阻止热量继续传递，使得 CHF 值不高。对于 $S=1/2$ 和 $S=3/4$ 样品表面，可以看到流体扰动最强，这是因为微纳结构区域超亲水，液体能快速浸入结构，从而使得黏附在结构区域的气泡会沿着垂直槽 $Y$ 方向未处理区域回缩，有利于气泡的快速脱离，提高了 CHF 与 HTC。全扫描样品表面流体速度高于 $S=1/4$ 样品的交替表面，这是因为结构分布比润湿功能特性差异导致的流体扰动影响要更明显。飞秒激光制备沟槽微纳结构表面产生了结构的空间变化和润湿功能特性的不均匀分布，在沸腾传热过程中影响着气泡的有效脱离，可以增强沸腾传热性能，有效延长 CHF 的到来，增强 CHF 数值。从保护表面以及增强沸腾传热性能来讲，相比于未经处理的原样品表面，全处理样品表面及交替样品表面均有优势。

除了 $Y$-$Z$ 平面，在 $X$ 方向，飞秒激光制备的半开放沟槽微纳结构具有强毛细效应，在 $Y$-$Z$ 面的基础上放大流体的扰动，这对于 CHF 与 HTC 的提升有着积极的作用。

### 4.3.4　结果讨论与分析

本节结合理论模型以及模拟结果对实验结果与物理机制进行系统讨论与分析。在沸腾传热过程中，核态沸腾发生后会进一步出现沸腾危机，即沸腾曲线随过热度的增加存在 CHF，超过 CHF 后，固体壁面温度将急剧升高，样品表面形成气膜，阻止液体带走热量，导致样品表面热流显著降低。随着热流密度的增加，气泡合并形成蘑菇形状气泡，阻止液体回流到加热表面。传热表面所形成的蒸汽层会使表面处于干烧状态，极易损坏表面。因此，希望传热表面可以安全换热的同时还要具备高效的换热能力，这是提高 CHF 与 HTC 的必备条件。低 CHF 情况下存在样品表面烧毁的风险，并且不利于传热。高 CHF 情况下，理论上可以延伸到达 CHF 的过热度来保护样品表面使其不受损坏，但是此过程 HTC 低，不利于高效传热。因此，对于 CHF 与 HTC 同步提升增加安全性的同时能达到节能目的。

目前，研究进展揭示出润湿功能特性对 CHF 的提升有着重要影响，通常理解是亲水特性表面推迟了 CHF，因为亲水特性表面亲水疏气的特点促进了气泡脱离点的再润湿。这些气泡脱离点位置由于高强度汽化而形成热干点，亲水表面流质向热干点的补充阻碍热干点的扩散，延迟了表面气膜的形成。反之，疏水特性表面亲气疏水的特点会削弱热干点处的再润湿，减少 CHF。单纯的亲水、疏水特性表面均存在传热的缺陷，表面制备工艺（如光刻法、掩膜板沉积法等）可以加工出疏水特性和亲水特性同时存在的样品表面，既增加了活性核化点密度又促进表面再润湿，在高效传热的基础上达到保护传热表面的目的。具体工艺制备中的疏水特性和亲水特性区域可以通过再润湿来促进成核，增强 HTC 和 CHF。

表面粗糙度对换热的影响分为 3 个方面：一是润湿功能特性；二是增加有效换热面积；三是增加活性核化点密度。通常描述结构与润湿功能特性的关系会用到 Wenzel 模型与 Cassie 模型，根据 Wenzel 模型，接触角与表面粗糙度存在关系：表面粗糙度会放大润湿功能特性，即表面粗糙度大于 1（结构表面），亲水特性表面会更亲水，疏水特性表面会更疏水。因此，表面粗糙度从润湿功能特性方面影响 CHF 与 HTC，原理同上。其次增加有效换热面积，表面粗糙度增加即表面积增加，结果会带来亲水面与流质的充分接触换热。表面粗糙度增加能够促进样品表面热梯度分布不均，这种热梯度分布带来的势能梯度使得表面更易成核。较高的表面粗糙度通常与大量的微腔、微孔、微柱的存在有关。可以看到，微米的表面粗糙度对于沸腾传热性能的影响占主体。

此外，还有一个因素就是界面的流质毛细传输力，毛细效应决定表面液体输送能力，通常与结构和润湿功能特性有关，毛细效应的液体传输同亲水特性一起增强热干点的流质补充，有利于保护传热表面。研究人员通过设计特定高毛细传输表面，如纳米线沉积，促进液体传输再润湿的同时保持表面高的活化核化点密度，进而增强 CHF 与 HTC。

综上所述，为提高 CHF 和 HTC，通常的做法是提高表面形成大气泡的能力与创造大气泡能够有效脱离的条件。其中疏水特性表面，表面粗糙度和特定的易成核微纳结构决定着有效成核，即气泡的形成与融合；而亲水表面，毛细效应液体传输可以有效地促使气泡脱离防止蒸汽层的形成，从而提高了系统的沸腾传热性能。对于优良沸腾传热性能的样品表面设计也大多基于这些方面考虑。

下面从气泡动力学角度进行分析，如图 4-17 所示，可以简易、直观地看到不同微纳结构制备比例的表面气泡生长与脱离过程。核态沸腾过程中，相变显性换热比隐性非相变换热要占用更多的热传输量。气泡动态过程主要分为成核、生长、融合、脱离几个过程。首先是成核过程，这是气泡产生的最初始状态，气泡的成核数目（活性核化点密度）直接决定着气泡量，成核数目高、活性核化点密度大的样品表面产生的相变量也大，通过相变带走的热量就会多。在不考虑微纳结构存在的情况下，相对偏向疏水特性区域比超亲水特性区域更易成核，原因是样品表面在产生势能不均匀分布后，相对偏向疏水特性表面更亲气，更容易形成小的气点，这些气点就为气泡的成核提供活性核化点基础。气井成核理论（微米尺度）无法解释光滑金属铜表面的成核，根据气泡成核热力学平衡条件，可以从界面过热度（换热界面与流质）进行分析。由于流质的流体力学运动，将空间沸腾传热区域可以抽象成具有势能梯度的空间，势能的梯度分布是未经处理的原样品表面成核的原因。从图 4-17 中可以看出，在水基环境中，由于未经处理的原样品表面具有较低的界面能，较低的过热度就可以在换热界面产生显著的势能梯度，而这种势能梯度能够为气泡的产生提供契机。并且由于相对偏向疏水特性的样品表面相对亲气的缘故，界面更容易吸附气泡，并形成气泡合并。根据气泡热力学平衡理论，体积随着热量的增加而增大。未经处理的原样品表面气泡脱离时的体积普遍比超亲水特性表面大得多。但是到核态沸腾后期，未经处理的原金属铜表面的气泡快速、大量地聚集融合在一起并脱离，脱离后气泡有部分能够快速覆盖样品表面，形成莱顿弗罗斯特效应，形成沸腾危机。这时热量积聚样品表面并很容易将其烧坏形成损伤，对沸腾传热过程的良性发展是不利的。总之，未经处理的原样品表面能够产生大体积的气泡，但是不利于气泡在界面的脱离。

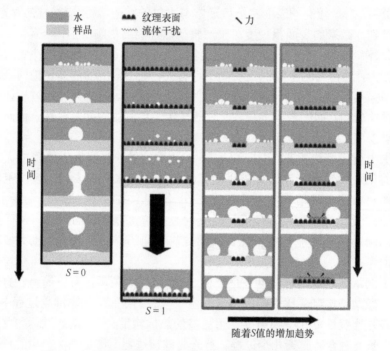

图 4-17　不同扫描比例 $S$ 扫描沟槽微纳结构表面气泡示意图

飞秒激光处理区域具有微米和纳米两级结构复合的特点，这种半开放腔的沟槽微纳结构具有显著的毛细效应，同时也展现出优异的超亲水特性。在低热流密度范围内换热时，微米结构增加了有效传热面积与活性核化点密度。正因为如此，微米结构表面在理论上会在小热量情况下产生泡核沸腾（但实际由于超亲水特性的影响，高过热度才能产生气泡）。纳米结构在热流密度增加后才起着重要作用，与微米结构对比，纳米结构可以通过纳米尺度的毛细传输效应减小气泡脱离样品表面时的尺寸，并且有着更快的脱离频率，气泡不容易合并在一起。相对于微米结构表面，可以抑制样品表面在高热流密度时形成气膜层，有助于样品表面沸腾危机的推迟。微米结构在沸腾前期（低热流密度）是孤立气泡产生区域，增加活性核化数目，沸腾后期（高热流密度）液体在表面的传输能力（毛细效应强），既提高了 CHF 又延迟了 CHF 的到来。从图 4-17 中可以看出，由于毛细传输的作用同样存在于沸腾前期，活性核化点密度受影响较低，比较未经处理的原样品表面自然对流持续的过热度较高，沸腾前期气泡数目少，脱离体积小。综上所述，飞秒激光全扫描样品表面带来了较多的活性核化点密度，沸腾后期脱离气泡虽小，但量多，与未经处理的原样品表面相比，CHF 存在增强，但是由于亲水与毛细效应会限制气泡融合进而使气泡脱离体积变小，可推迟 CHF 的到来，这也导致 CHF 虽然有提升，但是提升不是很高。

从图 4-17 右边可以看到，按照扫描周期区域比例 $S$ 扫描的沟槽微纳结构，相对偏向疏水特性区域比超亲水区域在较低过热度条件下便会产生气泡，并且随着气泡的高频产生与脱离，因偏向疏水特性区热量被带走而使温度下降。在低热流密度时，热量集中会向脱离气泡的相对偏向疏水特性区域底部流动，向超亲水区域的热流反而较低。相对于偏向疏水特性区域较大气泡的产生，超亲水区域会产生小而慢速（脱离频率）的气泡脱离。气泡的脱离大小以及频率差异会导致偏向疏水特性区域的传热性能较高（潜热传热的优势）。随着热流密度的上升，过热度提升，低过热度相对偏向疏水特性表面比超亲水特性表面更易最先产生气泡。从图 4-17 中可以看出，未经处理的原样品区域较激光处理区域更容易并提前产生较多的气泡。

分析扫描比例 $S$ 对于气泡脱离的影响。$S$ 较小时，相对偏向疏水特性区域之间间距较小，此区域随着气泡脱离体积的增加，导致气泡趋向于跨越超亲水区域和亲水区域产生气泡融合，融合的过程会促进气泡脱离，从而延迟 CHF 的到来。$S$ 较大时，相对偏向疏水特性区域间距加宽，随着热流密度的增加，相对偏向疏水特性气泡三相线边缘会在超亲水区域回撤，这是由于超亲水底部大量液流的浸入使得气泡的底部接触面积也会沿着垂直槽方向回缩。此外，气泡同时在垂直表面方向拉升，气泡变得不稳定，区域带来的毛细作用会形成流质流动进而破坏气泡的结合，促进气泡的脱离，气泡的不稳定脱离有利于 CHF 的延迟。高热流密度时超亲水区域同样产生大量的气泡，阻止疏水区气泡的跨区融合，使得 CHF 很高。

与未经处理的原样品表面相比，交替结构表面提升了 CHF。其原因是，交替结构表面存在未处理区域与激光处理区域，未处理区域有利于大气泡的形成，激光处理区域强毛细效应与润湿功能特性促进大气泡的脱离，界面大气泡的有效脱离是 CHF 增强的原因。与全处理表面相比，交替结构表面 CHF 除 $S=1/4$ 样品以外均增强，原因是 $S=1/4$ 样品表面未处理区域大，大的未处理区域产生的气泡占气泡总量的主体，气泡容易跨区融合，小的激光扫描区域水的毛细传输并不容易破坏气泡跨区域成膜，导致 CHF 并没有被很好地推迟。其余的 $S=1/2$ 和 $S=3/4$ 样品表面由于亲水区域的扩大，借助未处理区域大气泡的产生优势，大的激光处理表面带动的水的毛细传输与补充很快地破坏成膜，推迟了 CHF 的到来。同时使到达 CHF 的过热度也发生减小，从而提升了 HTC，即意味着提升单位界面温度差的换热能力。界面大气泡的产生与有效脱离，破坏了未经处理的原金属表面的水蒸气成膜，这就是 $S=3/4$ 样品交替表面 CHF 与 HTC 都能提升的原因。

如图 4-18（a）所示的，可以看出，在供热功率较低时，因为未经处理的原金属表面气泡脱离量较大，相对热流率较高。高供热功率区间，未经处理的原金属表面达到佛罗斯特点，不利于高热流率传热。其余部分槽扫描与全扫描样品表面随着供热功率增加，热流率曲线也缓慢上升，尤其是对于沟槽微纳结构表面，扫描比例 $S$ 越高，曲线整体高度提升得越多。图 4-18（b）所示为选取两个典型供热功率下的样品表面气泡动力学演化图像，可以明显地看到，480W 下未经处理的原金属表面快要接近膜态沸腾，热流率略微高于其他样品表面，其气泡量也明显多于其他样品表面。到了 1300W 时，明显观察到 $S$ 值越高气泡脱离越活跃，气泡量也越大，这与热流率曲线数据是相符合的。

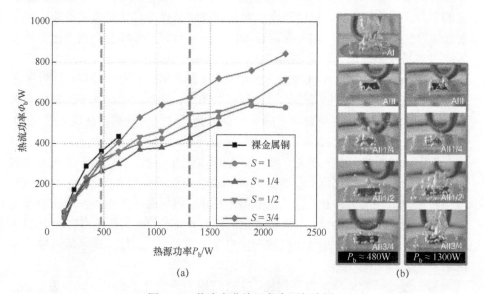

(a)　　　　(b)

图 4-18　热流率曲线及各表面气泡图

（a）不同 $S$ 值扫描槽表面的界面热流率随着加热功率的变化曲线；（b）加热功率为 480W、1300W 时刻各表面气泡图。

# 4.4 小 结

本章介绍了沸腾传热实验装置的工作原理及构建过程，对激光制备的微纳结构拼接表面进行了沸腾传热实验，得到各样品表面的沸腾传热数据，获得了CHF 与 HTC 优化的实验结果：微纳结构占比可以实现 CHF 值以及达到 CHF 时过热度的调控，当微纳结构占比 $S=3/4$ 时 CHF 与 HTC 均显著提升；CHF 较未经处理的原样品表面提升了 120%，达到 $220\,W/cm^2$，HTC 曲线全面提升。

从气泡生长脱离过程系统分析了沸腾传热效果增强的物理原因。发现随着微纳结构占比 $S$ 的增加，拼接表面可以避免气泡的跨区域融合成膜，结构区域存在的强毛细传输会带动大气泡的有效脱离。沸腾传热性能全面增强的原因归结为样品表面能够存在大气泡的产生与有效脱离，实现破坏样品表面成膜，在有效维持高 HTC 的前提下对 CHF 进行了显著推迟。

通过对微纳结构拼接表面进行沸腾状态流体速度的模拟计算发现，微纳结构占比 S 越高的拼接表面其流体扰动速度会越强，气泡各阶段流体速度维持在 0.4m/s 附近。这种扰动有利于气泡在样品表面进行有效脱离，并增强界面强制对流。拼接结构表面通过界面的流体扰动对沸腾传热的性能提升也有一定的影响。

# 第5章 基于润湿功能特性集成的太阳能温差发电应用研究

## 5.1 概　述

飞秒激光具有的超短脉宽和极高的峰值功率，使其在与物质相互作用的过程中有着独特的优势。近些年来，人们的目光逐渐趋于利用飞秒激光在材料表面以及内部进行微纳结构的制备和研究，从而提升材料的性能及应用范围。另外，飞秒光丝是飞秒激光在空气中传输的一种非线性传输过程，细丝使飞秒激光聚焦强度在传播方向的距离有了大幅度提高，在不同激光条件下可以达到几厘米甚至几千米。因此飞秒光丝可以在曲面材料表面直接实现微纳结构的制备，这在工程上更具有实际的应用价值，并且吸光功能性微纳结构经过低表面能处理或空气放置自转变都可以转化成疏水特性或超疏水特性，具备自清洁功能，从而形成多功能集成的微纳结构样品。这对于太阳能温差发电应用具有重要意义。

## 5.2 飞秒激光制备金属铝箔表面微纳结构

### 5.2.1 金属铝箔沟槽微纳结构的制备及优化

在大气环境下将 1kHz 飞秒激光垂直聚焦于金属铝箔样品表面，样品固定在二维平移台上，通过光栅扫描式移动平移台，实现大面积微纳结构制备。如图 5-1 所示，在不同实验参数条件下，飞秒激光在 12 块金属铝箔样品进行微纳结构制备，使其表面均成为黑色，它对光具有很好的光吸收性能，也称为黑金属。具体的实验参数如表 5-1 所示。

图 5-1　飞秒激光制备微纳结构金属铝箔样品

表 5-1　经飞秒激光诱导制备的 12 组微纳结构金属铝箔的实验参数

| 实验参数<br>样品编号 | 激光能量/mJ | 扫描速度/（mm/s） |
| --- | --- | --- |
| 1 | 0.5 | 0.5 |
| 2 | 0.5 | 1 |
| 3 | 0.5 | 2 |
| 4 | 0.5 | 3 |
| 5 | 1 | 0.5 |
| 6 | 1 | 1 |
| 7 | 1 | 2 |
| 8 | 1 | 3 |
| 9 | 1.5 | 0.5 |
| 10 | 1.5 | 1 |
| 11 | 1.5 | 2 |
| 12 | 1.5 | 3 |

　　为了观测并测量表面形貌的变化，使用高景深扫描共焦显微镜观测了这 12 片经飞秒激光处理后的金属铝箔表面形貌，测量结果如图 5-2～图 5-4 所示。从图 5-4（a）～（d）中可以看到，在飞秒激光作用靶面时，随着扫描速度的降低，最初样品表面并没有出现沟槽微纳结构（图 5-4（a）～（b）），随着扫描速度进一步降低，激光作用后的金属铝箔表面逐渐隆起形成了光栅形的沟槽微纳结构，并且越来越明显（图 5-4（c）、（d））。如图 5-5 和图 5-6 所示，在飞秒激光能量为 1mJ 和 1.5mJ 时，随着扫描速度的减小，表面微米沟槽微纳结构越加明显。综合以上数据发现，在同一个速度条件下，随着辐照激光能量的增加，表面形貌也越加明显。对沟槽的深度和宽度进行测量，测量结果如表 5-2 所列。通过测量结果可以看到随着激光辐照量的增加，沟槽深度和宽度都随之增加，这也说明了由于扫描速度的降低或激光单脉冲能量的增加，都使得金属铝箔表面获得激光辐照量得到了增加，这也使靶材质量迁移发生更加剧烈，从而形成了不同的沟槽微纳结构。

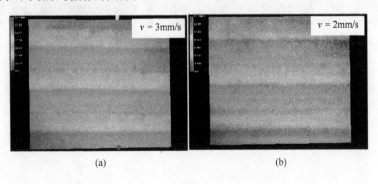

(a)　　　　　　　　　　　　　　　　(b)

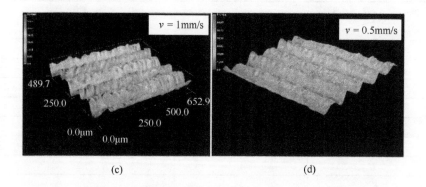

(c)　　　　　　　　　　　　　　　(d)

图 5-2　在激光能量 $P$=0.5 mJ 时不同扫描速度 $v$ 制备微纳结构的三维形貌图

（a）$v$=3mm/s；（b）$v$=2mm/s；（c）$v$=1mm/s；（d）$v$=0.5mm/s。

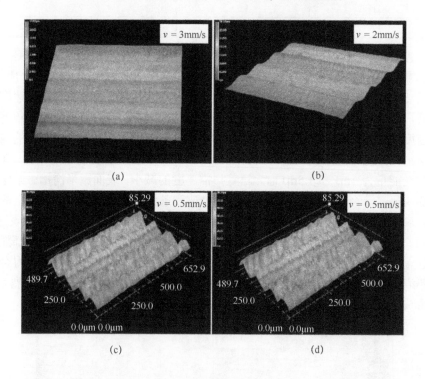

(a)　　　　　　　　　　　　　　　(b)

(c)　　　　　　　　　　　　　　　(d)

图 5-3　在激光能量 $P$=1 mJ 时不同扫描速度 $v$ 制备微纳结构的三维形貌图

（a）$v$=3mm/s；（b）$v$=2mm/s；（c）$v$=1mm/s；（d）$v$=0.5mm/s。

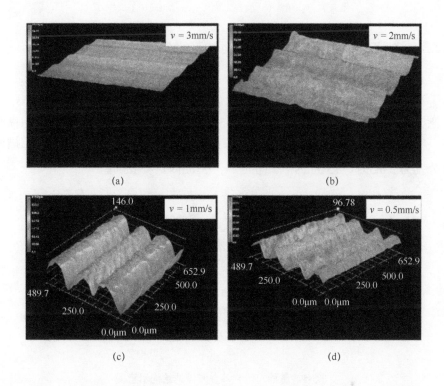

图 5-4　在激光能量 $P$=1.5 mJ 时不同扫描速度 $v$ 制备微纳结构的三维形貌图

（a）$v$=3mm/s；（b）$v$=2mm/s；（c）$v$=1mm/s；（d）$v$=0.5mm/s。

表 5-2　不同实验参数表面微纳结构形貌测量结果

| 激光扫描速度/（mm/s） | 激光能量/mJ | 微纳结构宽度/μm | 微纳结构深度/μm |
|---|---|---|---|
| 0.5 | 0.5 | 111.2 | 56.8 |
| 1 | 0.5 | 93.3 | 24.5 |
| 2 | 0.5 | 83.9 | 9.6 |
| 3 | 0.5 | 83.6 | 5.8 |
| 0.5 | 1 | 158.8 | 88.1 |
| 1 | 1 | 143.8 | 53.3 |
| 2 | 1 | 124.9 | 18.8 |
| 3 | 1 | 89.1 | 7.4 |
| 0.5 | 1.5 | 172.8 | 110.5 |
| 1 | 1.5 | 147.9 | 73.4 |
| 2 | 1.5 | 136.8 | 27.5 |
| 3 | 1.5 | 132.8 | 16.7 |

### 5.2.2 飞秒光丝制备金属铝箔表面柱形微纳结构

#### 1. 实验装置与方法

如图 5-5 所示，将 $f$=20cm 聚焦透镜替换为焦距 $f$=1m 聚焦透镜聚焦，飞秒激光会经透镜形成长约 10cm 的飞秒光丝，对样品表面进行飞秒光丝扫描制备。实验样品为金属铝箔（$30 \times 30 \times 0.2 \text{mm}^3$）调节激光能量 $E_\text{p}$=3mJ，扫描速度分别为 5 mm/s、15 mm/s、25 mm/s、35 mm/s、45 mm/s。

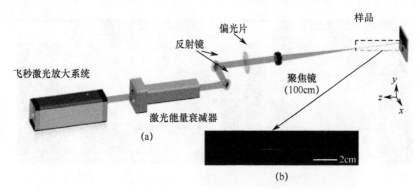

图 5-5　飞秒光丝制备金属微纳结构示意图

（a）光路图；（b）飞秒光丝图像。

#### 2. 实验结果与讨论

为了进一步研究飞秒光丝制备的黑金属铝箔样品的表面形貌与发电功率的关系，通过增加扫描速度来减少激光在金属铝箔表面的辐照量，从而在其表面获得不同形貌的微纳结构。将扫描速度 $v$ 从 14mm/s 增加到 44mm/s，每增加 10mm/s 间隔制作一个样品，飞秒光丝制备黑金属铝箔样品如图 5-6 所示。图 5-7 为对以上样品进行 SEM 微观形貌观测，在 SEM 图中可以清晰地看到，随着扫描速度的增加微纳结构逐渐减小，直至柱形微纳结构直径逐渐减小，最小达到 10μm 左右，并且分布密度也随着扫描速度的不断增加而逐渐减小。

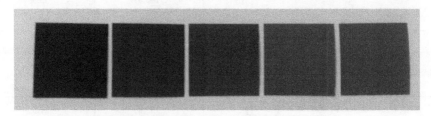

图 5-6　飞秒光丝丝制备黑金属铝箔样品（从左至右扫描速度依次为 4mm/s、14mm/s、24mm/s、34mm/s、44mm/s。）

(a)

(b)

(c)

(d)

(e)

(f)

(g)

(h)

93

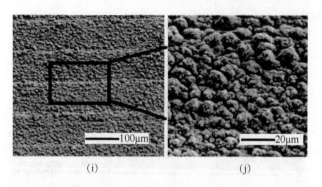

图 5-7　具有不同表面微纳结构的 SEM 形貌图（右侧图均为左侧图高倍率图像）

（a）、（b）4mm/s 条件下样品 SEM 形貌；（c）、（d）14mm/s 条件下样品 SEM 形貌；（e）、（f）24mm/s 条件下样品 SEM 形貌；（g）、（h）34mm/s 条件下样品 SEM 形貌；（i）、（j）44mm/s 条件下样品 SEM 形貌。

## 5.3　太阳能温差发电模拟装置构建与测试方法

### 5.3.1　实验装置及方法介绍

太阳能热电发电因诸多优点已经成为能源领域一个重要的研究方向，在本节中将制备的具有各自类型微纳结构的黑金属铝箔应用于一种太阳能热电发电装置——温差发电器（TEG），并对其进行了发电功率的测量和研究。图 5-8（a）所示为 TEG 模块的组合过程，发电片大小为 3cm×3cm，发电片一侧的导线用于连接电路板的两极。将制备的沟槽微纳结构和柱形微纳结构的黑金属铝箔分别放置于 TEG 热端，组成了一个简单的用于实验测试的太阳能 TEG 模块，如图 5-8 所示。实验中在电路板内加入负载电阻，其阻值和电路固有阻值之和与太阳能 TEG 内阻几乎相等，因为当负载电阻与太阳能 TEG 的电阻相匹配时，负载可以从发电片获得更大输出功率。如图 5-9 所示，线与 TEG 内阻之和约为 1.94Ω，因此在这里选择 2Ω 电阻作为测试负载。图 5-10 所示为测量电路实物图。

图 5-8　太阳能 TEG 模块的组合过程

（a）TEG；（b）黑金属铝箔和 TEG；（c）已经放置好黑金属铝箔的 TEG。

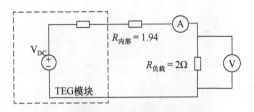

图 5-9　太阳能 TEG 测量电路原理

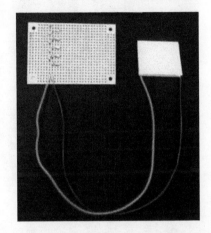

图 5-10　连接电路板的太阳能温差发电器

如图 5-11 所示，把 TEG 模块放置于太阳能模拟器（图 5-12）中，TEG 与一块载有负载电阻的电路板相连接，万用表用于测量其输出电流，进一步通过 $P = I^2R$ 计算获得的输出功率。实验所使用的太阳能模拟器采用氙灯光源模拟太阳光，出光距离为 24 英寸（1 英寸=2.54cm），光斑直径为 3 英寸，辐照度为 100 mW/cm²。读取电流数值时使用红外热像仪（品牌 NEC，型号为 TH9100，图 5-13）对样品表面温度进行测量，热像仪热灵敏度小于 0.06℃。每次测量电流后立刻打开太阳能模拟器黑箱利用热像仪进行测温。

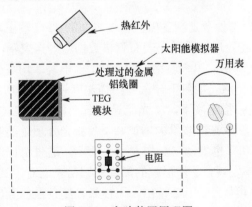

图 5-11　实验装置原理图

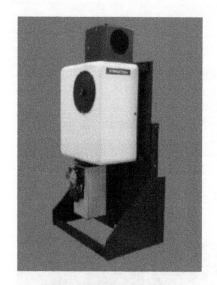

图 5-12　太阳能模拟器

图 5-13　TH9100 红外热像仪

### 5.3.2　飞秒激光制备黑金属铝箔用于太阳能温差发电片

图 5-14 所示为飞秒激光制备黑色金属表面的 TEG 输出功率随激光扫描速度的变化曲线，未经处理的原样品表面测量数据用一点表示，从图中可以看出，覆盖了经飞秒激光制备的黑金属铝箔的 TEG 发电功率均高于普通金属铝箔的TEG。并且在同一个激光能量下，激光扫描速度越大，其所在 TEG 发电功率越高；同一个激光扫描速度下，激光能量越高，其所在 TEG 的发电功率也越高。也就是说，随着激光辐照量的增加，飞秒激光处理过的金属铝箔表面所组成的 TEG 的发电功率也就越高。如表 5-3 所示，通过对比未放置黑金属铝箔的 TEG 的发电功率发现，各种形貌的黑金属铝箔表面对 TEG 发电功率有不同程度的提高，最高可以达到 12.7 倍。飞秒激光制备黑色金属技术可以有效地提高这种太阳能驱动温差发电器的发电功率。

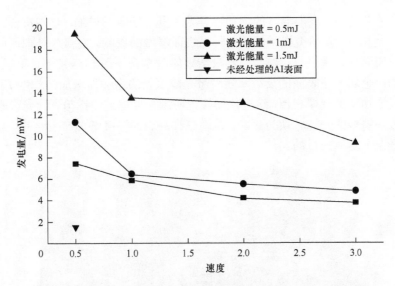

图 5-14  黑金属表面的 TEG 输出功率随激光扫描速度的变化曲线

表 5-3  不同实验条件制备黑金属铝箔提高 TEG 的参数

| 激光扫描速度/（mm/s） | 激光能量/mJ | 输出功率提高倍数/倍 |
| --- | --- | --- |
| 0.5 | 0.5 | 4.8 |
| 1 | 0.5 | 3.8 |
| 2 | 0.5 | 2.7 |
| 3 | 0.5 | 2.4 |
| 0.5 | 1 | 7.3 |
| 1 | 1 | 4.2 |
| 2 | 1 | 3.6 |
| 3 | 1 | 3.2 |
| 0.5 | 1.5 | 12.7 |
| 1 | 1.5 | 8.8 |
| 2 | 1.5 | 8.5 |
| 3 | 1.5 | 6 |

　　为了研究覆盖黑金属铝箔的 TEG 发电功率提升的物理机制，对模拟太阳光辐照的样品进行了表面温度测试，测试典型数据如图 5-15 所示，区域 b 为普通金属铝箔样品，温度为 31.6℃，区域 a 是激光制备的黑金属铝箔样品，其温度为 53.6℃，前后温度提高了 22℃。这也说明激光制备的黑金属铝箔表面温度升高产生了温差，最终导致发电功率的增加。如表 5-4 所示，在同一激光能量条件下，随着表面温度的升高，TEG 输出功率也随之增加。在同一扫描速

度的实验条件下，表面温度的增加也导致了发电功率的增加，这些符合之前的讨论。为了进一步研究微纳结构对样品表面温度的影响，对激光处理后的黑金属铝箔表面反射率进行了测量。测量结果如图 5-16～图 5-18 所示，可以看出，制备的黑金属铝箔表面的反射率随着激光辐照量的增加而增加，这也与表面温度和发电功率的规律相似，这也能间接说明激光处理过的铝箔表面光吸收率的增强致使更多的光能转换为热能，从而使样品表面温度增加产生温差，最终达到提升发电功率的目的。

图 5-15　激光能量为 0.5 mJ、扫描速度为 0.5mm/s 时热像仪测量数据

表 5-4　不同条件下制备样品表面温度和输出功率

| 激光扫描速度/（mm/s） | 激光能量/mJ | 表面温度/℃ | 输出功率/mW |
| --- | --- | --- | --- |
| 0.5 | 0.5 | 53.6 | 7.4 |
| 1 | 0.5 | 52.5 | 5.9 |
| 2 | 0.5 | 49.8 | 4.2 |
| 3 | 0.5 | 49.1 | 3.7 |
| 0.5 | 1 | 55.5 | 11.3 |
| 1 | 1 | 53.2 | 6.4 |
| 2 | 1 | 52.2 | 5.5 |
| 3 | 1 | 51.7 | 4.9 |
| 0.5 | 1.5 | 57.9 | 19.4 |
| 1 | 1.5 | 56.2 | 13.5 |
| 2 | 1.5 | 55.8 | 13 |
| 3 | 1.5 | 54.5 | 9.3 |

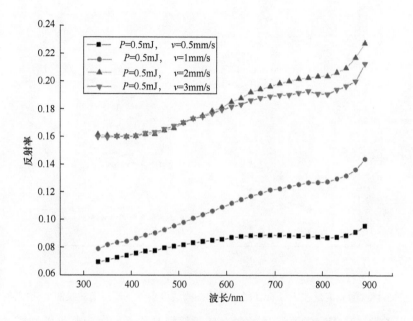

图 5-16　激光能量 $P$=0.5mJ 时不同扫描速度条件下反射随波长的变化规律

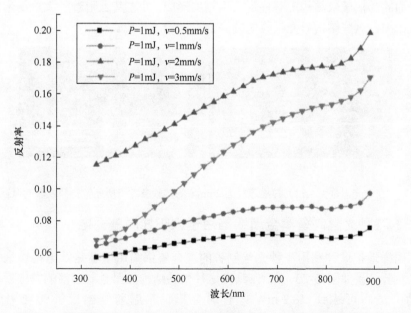

图 5-17　激光能量在 $P$=1 mJ 时不同扫描速度条件下反射随波长的变化规律

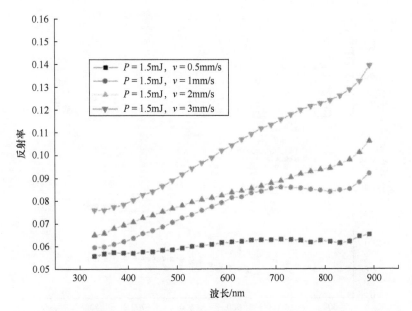

图 5-18　激光能量在 $P$=1.5mJ 时，不同扫描速度条件下反射随波长的变化规律

　　为了进一步探究激光制备的黑金属铝箔样品优异的光吸收性能成因，使用 SEM 对样品表面形貌进行观测。图 5-19 所示为在激光能量为 1mJ，扫描速度为 2mm/s 的实验条件下，ph 制备样品表面的微观形貌。可以清晰地看到，样品表面的沟槽微米结构上有柱形微米结构形成，并在其上附着了大量纳米尺寸随机结构。这些结构对光吸收的提高都有一定的作用。

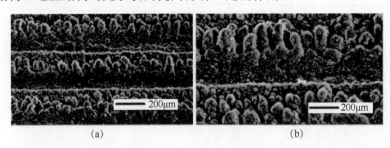

图 5-19　在激光能量为 1mJ、扫描速度为 2mm/s 的实验条件下所制备样品表面的微观形貌

### 5.3.3　飞秒光丝制备黑金属铝箔用于太阳能温差发电

　　同样地把这种利用飞秒光丝制备的黑金属铝箔用于温差发电模块进行测试。实验结果如图 5-20 所示，具有这种微纳结构的黑金属铝箔的发电模块发电功率最高可达到 18.2 mW，普通金属铝箔温差发电模块的功率分为 1.04 mW。激光处理过的金属表面与加普通金属铝箔样品的发电功率提高了 17.4 倍。由此可以看出，飞秒光丝制备黑色金属技术同样可以有效提高这种太

阳能驱动温差发电器的发电功率。

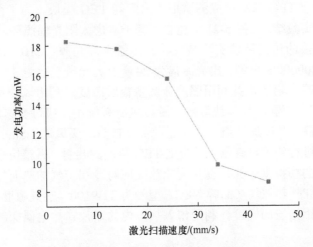

图 5-20　具有不同表面微纳结构的黑金属铝箔产生发电功率变化趋势

从图 5-20 中可以看到，随着扫描速度的增大，其发电功率逐渐降低，此时结构尺寸逐渐减小，分布也逐渐稀疏。表 5-5 所列为具有不同表面微纳结构的黑金属铝箔表面温度变化趋势，可以发现表面温度的变化规律与其是一致的。

表 5-5　具有不同表面微纳结构的黑金属铝箔表面温度和输出功率变化趋势

| 激光扫描速度/（mm/s） | 成丝激光能量/mJ | 表面温度/℃ | 输出功率/mW |
|---|---|---|---|
| 4 | 3.5 | 57.5 | 18.2 |
| 14 | 3.5 | 57.1 | 17.7 |
| 24 | 3.5 | 56.7 | 15.6 |
| 34 | 3.5 | 54.9 | 9.8 |
| 44 | 3.5 | 54.1 | 8.6 |

## 5.4　真实环境仿真的光电转换效率测量及机理分析

在以上工作的基础上，建立了热力学模型来讨论由太阳能驱动的热电发电装置的性能，并构建了基于考虑太阳光辐照环境模拟与 TEG 模块本身散热的仿真环境实验装置，进行了发电性能的表征。系统开展了光电转换效率提升机制的分析和讨论。

### 5.4.1　实验装置的搭建以及实验方法

采用与样品同样表面尺寸的 TEG（尺寸为 30 mm×30 mm×3mm），利用导热硅脂将样品（包括未经处理的金属铝箔和飞秒光丝制备的微纳结构黑金属铝箔）黏附于 TEG 热端组成测试用的太阳能 TEG 模块。为了得到更接近于实际的可靠实验结果（图 5-21），建立了基于考虑太阳光辐照环境模拟与 TEG 模块本身散热的仿真环境实验装置。利用氙汞灯光源（CHF-XM-500W，辐射照度 0～200000lx 可调，出光距离为 24 英寸，光斑直径为 3 英寸）来模拟可量化的太阳光辐照，并利用照度计测量辐射照度。利用风冷系统和金属铝制塔形散热片作为 TEG 模块散热装置，风冷系统由无级可变速风机、风道、黑箱（遮光箱）及风速计组成（风速设置为自然一级风速 1.5m/s）。风道对风机产生的风进行约束，避免冷风带走 TEG 热端的热量。黑箱用来隔绝太阳能模拟器发出的模拟太阳光，以免光照热效应对冷端空气加热而导致实验误差增大。通过红外热像仪（品牌 NEC，型号为 TH9100，热灵敏度小于 0.06℃）测量黑金属铝箔表面温度，利用植入热沉内的贴片式热电偶探测器测量冷端温度。

半导体材料相对造价昂贵，因此，热电发电机的设计目标是提高单位热电材料的功率输出。对于太阳能应用来讲，工业上可以通过集中太阳辐射来实现，从而在热电装置上下界面创建一个高值的温度梯度，使热电材料在给定的功率要求下得到最小限度的使用。更普遍的做法是对热电装置给定热电材料优化，以获得最大功率几何倍数的输出。以前的优化方法是基于热电阻与热导率乘积项的最小化，确定了 P 型和 N 型单元腿的长度与面积的比值，但是没有提供实际尺寸。此外，一些重要的影响参数如接触层电阻和杂散热泄漏、通过周围的空间热元件的冷却并没有考虑进去。热端和冷端之间的间隙不可避免地会发生一些热泄漏。如果设备没有散热部件，在平板之间的空间还会涉及辐射、传导和对流等。本实验装置加入散热装置首先促进了热流在热电材料中的轴向传输；其次风冷的引用更接近于实际应用环境，能做到类环境仿真的效果。

对 TEG 模块发电功率的测量，将 TEG 模块作为发电源接入电路中，产生的稳定最大输出功率作为模块发电功率 $P$。将 TEG 模块接入含有负载电阻（负载电阻阻值近似等于电路与模块本身内阻以保证 TEG 输出功率最大）的电路，采用模/数转换的方式，利用微程序控制器（Microprogrammed Control Unit，MCU）时钟程序配合 12 位 A/D 芯片（1mV 精确分辨率），实时记录 TEG 模块正负极电位 $U$ 以及电路中电流 $I$ 的数据，通过测量数据计算模块最大输出功率 $P_{out} = UI$，$P_{out}$ 随时间稳定后（200s 辐照后）取平均值为模块发电功率 $P$。TEG 模块电功率 $P$ 与其吸收到的仿真太阳光辐射通量 $\Phi_s$ 的比值作为发电效率 $\eta$。辐射通量 $\Phi_s = EA$，其中 $E$ 与 $A$ 分别表示太阳能辐射照度与辐射在金属铝箔上的有效面积。

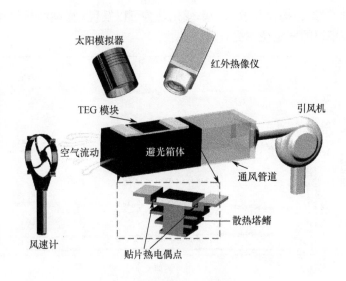

太阳模拟器

红外热像仪

TEG 模块

引风机

空气流动

避光箱体

通风管道

散热塔鳍

风速计

贴片热电偶点

图 5-21 仿真装置示意图

## 5.4.2 温差发电的实验结果与分析

应用以上飞秒光丝制备的微纳结构样品,将其(附加未经过处理的金属铝箔进行对比)与 TEG 黏结做成太阳能 TEG 模块,对这种模块的发电功率进行测量研究。首先研究了模拟太阳光辐照度对 TEG 模块发电功率的影响。选取样品表面微纳结构尺度最小的样品制备扫描参数(以 $v = 45\text{mm/s}$ 为例)构造 TEG 模块,进行不同模拟辐照度下的 TEG 模块发电功率测量。实验结果如图 5-22(a)所示,对于单一辐照度条件,随着测量时间的增加 TEG 模块在辐照初期输出功率会快速提升(0~200s),之后趋于平稳(200~1200s)。这种辐照初期的变化趋势是由 TEG 模块光热电转化存在的弛豫导致的,将 200s 后的输出功率平均值作为测量所得的发电功率 $P$。对比不同辐照度输出功率曲线发现,随着辐照度的升高发电功率也随之升高,这是因为越高的辐照度意味着黑金属铝箔单位面积吸收到光能量越大,会导致光能转化的热能在 TEG 热端的沉积增多,进而因提高了热、冷端温差而增加了发电功率。

在通常条件下,太阳光的辐照度一般为 100000lx(夏天阳光直射地面),有效提高在 100000lx 下的发电功率更为重要。因此,以 100000lx 作为仿真辐照条件,进行了黑金属铝箔表面形貌对发电功率影响的研究。如图 5-22(b)所示,随着扫描速度的降低(随着微纳结构尺寸增加),发电功率逐渐提高,最高可达到 18.26mW。飞秒光丝处理得到的微纳结构样品多产生的发电功率同未经过处理的金属铝箔和 TEG 原表面相比具有显著提高,分别为 43.3(未经过处理的金属铝箔 TEG 模块)和 10.7(裸 TEG 模块)倍。从不同飞秒光丝扫描速度制备的微纳结构样品发电功率变化趋势可以发现，微纳结构尺寸越大越有利于 TEG 模块的发电功率提升。

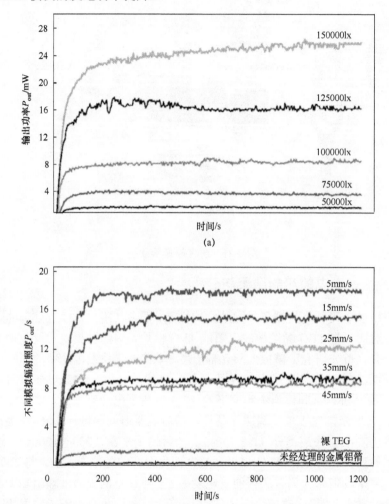

图 5-22　输出功率随时间的变化曲线

（a）$v$=45mm/s，不同模拟辐射照度（50000 lx、75000 lx、100000 lx、125000 lx、150000lx）；（b）$E_p$=3mJ，$E$=100000lx，不同扫描速度（5 mm/s、15 mm/s、25 mm/s、35 mm/s、45 mm/s）。

从理论上分析，TEG 热端加入黑金属铝箔样品组成 TEG 模块可以提高 TEG 的温差发电性能。忽略汤普森效应，假设 TEG 模块的热电敏性稳定，不考虑接触效应，太阳能发电片效率的数值可以用下式表示，即

$$\eta = \frac{q_h}{\Phi_s} \frac{q_h - q_c}{q_h} = \frac{q_h - q_c}{\Phi_s} = K(\Delta T)^2 \tag{5-1}$$

式中：$q_h$ 与 $q_c$ 分别为在热层与冷层处通过的净热流；$q_h/\Phi_s$ 为 TEG 模块的光吸收项；$(q_h - q_c)/q_h$ 为模块的热利用项；$K$ 为热电因子，不同条件（固定 TEG 模块和辐照度）下的热电因子可以表现裸 TEG 或 TEG 模块热电过程的热电敏性。热电敏性可以体现固定温差下的发电性能。因此，基于以上理论分析，TEG 模块发电简单地可以分为光热与热电转化两个阶段。首先从光热转化过程分析。对于金属材料吸收体，金属有良好的导热性能，因此光热转化主要由金属铝箔吸收体表面光吸收特性所决定。金属材料的吸光特性与自由电子、带间跃迁以及表面效应有关。金属的高反射率特性便是由自由电子与带间跃迁主导的，导致了很高的自然光波段的反射率。忽略自由电子与带间跃迁的影响，表面结构尺度的变化即表面效应的改变可以有效改善金属表面吸光性能。对实验样品表面进行了可见光波段及近红外波段（与太阳能模拟光的波段一致）的反射率测量。测量结果如图 5-23 所示，由图可以看出，在 320～800nm 波段内，抛光金属铝的反射率最高，裸 TEG 次之，而光丝制备金属铝箔表面普遍具有较低的反射率，并且随着光丝扫描速度的减小（随着微纳结构尺度的增大），吸收光会在结构内部发生多重反射与等离子体共振吸收增强，反射率也随着逐渐减小，因此光吸收特性随之增强。显然微纳结构为光热转化过程提供更多的光能输入，这使得发电功率能够得到相应的提升。具有更大尺度微纳结构的 TEG 模块相比较小尺度微纳结构样品表面，TEG 模块或裸 TEG 更有利于吸光，吸收的更多光子数意味着光热转换量会增加，结合图 5-22（b）所示的发电结果，可以看出微纳结构尺度越大，其表面 TEG 模块产生的发电功率越高。

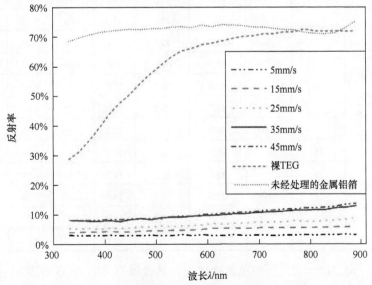

图 5-23　裸 TEG、未经处理的金属铝箔和光丝制备的金属铝箔表面的反射率曲线（波长区间 330～889nm）

在光热分析的基础上进一步对 TEG 模块的热电转化物理过程进行分析，表 5-6 包含了裸 TEG 与 TEG 模块的温度和发电性能数据，可以看到不同辐照度下裸 TEG 与 TEG 模块（$v$=45mm/s）以及固定辐照度（100000lx）不同表面微纳结构形貌条件 TEG 模块下，随着温差的变大发电功率逐渐得到提升。然而，发现黑金属铝箔的 TEG 模块发电功率与效率均远高于裸 TEG，并且小的温差变化（同辐照度条件下裸 TEG 与黑金属铝箔的 TEG 模块相比时）可以导致高的发电效率。热电因子 $K$ 可以表征裸 TEG 与 TEG 模块各自的热电敏性（温差与发电功率的关系）。对于裸 TEG 模块，$K$ 正比于塞贝克系数；对于 TEG 模块可将黑金属铝箔与 TEG 组合看作一个整体。从数据可以看到，TEG 模块的热电因子有着显著提升，$K$ 值均在 $2×10^{-5}℃^{-2}$ 以上，比裸发电片提高了 10 倍以上。更高的热电因子 $K$ 意味着较小的温差便可带来更高的发电效率，进而在热电过程中高 $K$ 值对应 TEG 模块发电效率的提升。这也是黑金属铝箔的 TEG 模块较小的温差可以产生更高发电效率的原因。

表 5-6　不同 TEG 模块的发电与温度数据（包含裸 TEG）

| TEG 模块 | | 辐射照度/lx | 温度 | | | 发电性能 | | 热电因子 |
|---|---|---|---|---|---|---|---|---|
| 样品 | $v$/(mm/s) | | 热端/℃ | 冷端/℃ | $\Delta T$/℃ | $P$/mW | $\eta$/% | $K$/$10^{-5}℃^{-2}$ |
| 裸 TEG | | 50 000 | 36.1 | 27.2 | 8.9 | 0.33 | 0.04 | 0.52 |
| | | 75 000 | 44.1 | 29.0 | 15.1 | 0.76 | 0.06 | 0.28 |
| | | 100 000 | 49.3 | 29.8 | 19.5 | 1.68 | 0.11 | 0.28 |
| | | 125 000 | 53.9 | 31.1 | 22.8 | 2.81 | 0.14 | 0.27 |
| | | 150 000 | 53.8 | 30.1 | 23.7 | 3.44 | 0.14 | 0.26 |
| 光丝扫描 $E_p$ = 3mJ | 45 | 50 000 | 33.6 | 27.5 | 6.1 | 1.74 | 0.22 | 5.88 |
| | | 75 000 | 37.1 | 29.5 | 7.6 | 3.69 | 0.31 | 5.35 |
| | | 100 000 | 42.5 | 32.3 | 10.2 | 8.61 | 0.54 | 5.20 |
| | | 125 000 | 50.1 | 33.2 | 16.9 | 16.25 | 0.82 | 2.86 |
| | | 150 000 | 56.9 | 34.3 | 22.6 | 25.94 | 1.09 | 2.13 |
| 光丝扫描 $E_p$ = 3mJ | 45 | 100000 | 42.5 | 32.3 | 10.2 | 8.61 | 0.54 | 5.20 |
| | 35 | | 46.7 | 35.5 | 11.2 | 9.05 | 0.57 | 4.53 |
| | 25 | | 51.5 | 36.9 | 14.6 | 12.40 | 0.78 | 3.66 |
| | 15 | | 55.6 | 37.0 | 18.6 | 15.45 | 0.97 | 2.81 |
| | 5 | | 59.5 | 37.5 | 22.0 | 18.26 | 1.15 | 2.37 |

从理论上进一步分析热电转换过程，黑金属铝箔的 TEG 模块吸收模拟太阳光辐照后，热电过程中的热能转化包括两部分：一部分热能提供热端积累以便形成冷热端温差梯度产生电势差；另一部分热能用于提高载流子迁移率进而

提升电荷积累速率。在低热能沉积情况下，热能转化被直接用于产生电势差，但是由于温差的提升是有限的，电势差带来的电荷转移量较少，这时发电效率较低。当模块内有高热能沉积时，保证产生较高电势差的情况下，模块半导体内部高热流密度使得载流子迁移率显著提升，电荷快速且大量地积累导致发电效率提升。在实验中可以看到，黑金属铝箔样品的 TEG 模块热能沉积导致部分热能可以传导至 TEG 模块的冷端，实验测得的冷端温度高于裸 TEG。如表 5-5 所示，随着辐照度的增加裸 TEG 冷端温度基本维持在 30℃左右，而 TEG 模块冷端温度逐渐升高且均高于裸 TEG 冷端，这说明黑金属铝箔样品的 TEG 模块相对于裸 TEG 具有高热能沉积的特点。TEG 模块强的光吸收机理会使得模块存在高的热能沉积，很大一部分热能提高了半导体内部载流子的迁移率，因而相比于裸 TEG 产生了发电效率的显著提升。

表 5-5 中，100000lx 辐照度下不同微纳结构（不同光丝扫描速度）的 TEG 模块同裸 TEG 的温差发电结果相比同样印证了理论分析的高热能沉积带来的发电性能提升的特点。微纳结构主要靠迁移率提升提供温差发电效率，对比裸 TEG，黑金属铝箔的 TEG 模块更有利于产生高的热能积累，更容易提高内部半导体载流子的迁移率，更有效地提升发电性能。表 5-5 中热电因子 $K$ 的数值可以表征黑金属铝箔的 TEG 模块高热能沉积带来的热电转化程度，黑金属铝箔的 TEG 模块热电因子数值普遍高于裸 TEG，热电转化程度越高，可以产生越高的发电效率。这与理论分析光丝制备黑金属铝箔的高热能沉积带来发电功率提升的结果相符。这同样意味着，在低辐照度下，如果 TEG 模块具有更高的 $K$ 值，有望获得可观的发电性能提升。

## 5.5 小 结

本章主要从事强聚焦飞秒激光和飞秒光丝在金属表面进行大面积微纳结构制备的应用研究，目的将其用于太阳能热电发电领域。

分别利用飞秒激光和飞秒光丝在金属铝箔表面进行了微纳结构的制备，通过共聚焦扫描显微镜和 SEM 对样品表面形貌进行了表征和观测。通过控制实验参数改变金属表面的激光辐照量，得到了不同形貌和尺寸的微纳结构黑金属铝箔样品。

对具有微纳结构的黑金属铝箔进行太阳能温差发电功率的研究，实验结果表明，强聚焦飞秒激光制备的黑金属铝箔与普通金属铝箔表面相比最高可提高太阳能温差发电功率 12 倍，而飞秒光丝制备的具有微米柱形结构的黑金属铝箔最高可以提高太阳能温差发电功率 19 倍。这也说明了具有微纳结构的金属表面可以有效提高太阳能温差发电器的发电功率。

针对飞秒光丝制备的黑金属铝箔样品，模仿真实使用环境构建了考虑太阳光辐照及 TEG 散热情况的发电功率测量装置。应用此装置，系统地研究了具有黑金属铝箔的 TEG 模块发电性能及其物理机制。研究表明，具有微纳结构的金属铝箔表面与抛光金属铝或裸发电片相比，光电转化效率（发电效率）可分别提高 43.3 倍和 10.7 倍。其光电转换物理机制可归结为：黑金属铝箔通过吸收太阳光产生了高热能沉积引起的 TEG 模块载流子迁移率提高，进而提升了发电性能。热吸收与热辐射的本质就是表面对光谱的吸收与发射，表面微纳结构对辐射与吸收性能有显著影响。

# 参考文献

[1] Cho J Y, Kim G, Kim S, et al. Replication of surface nano-structure of the wing of dragonfly (Pantala Flavescens) using nano-molding and UV nanoimprint lithography[J]. Electronic Materials Letters, 2013, 9(4): 523-526.

[2] Boinovich L B, Emelyanenko A M, Ivanov V K, et al. Durable icephobic coating for stainless steel[J]. ACS applied materials & interfaces, 2013, 5(7): 2549-2554.

[3] Moradi S, Kamal S, Englezos P, et al. Femtosecond laser irradiation of metallic surfaces: effects of laser parameters on superhy drophobicity[J]. Nanotechnology, 2013, 24(41): 415302.

[4] Tao H, Song X, Hao Z, et al. One-step formation of multifunctional nano- and microscale structures on metal surface by femtosecond laser[J]. Chinese Optics Letters, 2015, 13(6):48-51.

[5] Tao H, Lin J, Hao Z, et al. Formation of strong light-trapping nano- and microscale structures on a spherical metal surface by femtosecond laser filament[J]. Applied Physics Letters, 2012, 100(20): 201111-201111-3.

[6] Long J, Zhong M, Fan P, et al. Wettability conversion of ultrafast laser structured copper surface[J]. Journal of Laser Applications, 2015, 27(S2): S29107.

[7] 薛磊, 于竞尧, 马学胜, 等. 飞秒激光制备金属铜微纳结构表面的润湿及抗结冰特性研究[J]. 航空制造技术, 2018,61(12),74-79.

[8] Mishchenko L, Hatton B, Bahadur V, et al. Design of ice-free nanostructured surfaces based on repulsion of impacting water droplets[J]. Acs Nano, 2010, 4(12):7699-707.

[9] Bahadur V, Mishchenko L, Hatton B, et al. Predictive model for ice formation on superhydrophobic surfaces[J]. Langmuir the Acs Journal of Surfaces & Colloids, 2011, 27(23):14143.

[10] Alizadeh A, Bahadur V, Zhong S, et al. Temperature dependent droplet impact dynamics on flat and textured surfaces[J]. Applied Physics Letters, 2012, 100(11):7699.

[11] Maitra T, Antonini C, Tiwari M K, et al. On supercooled water drops impacting on superhydrophobic textures[J]. Langmuir, 2014.

[12] Eberle P, Tiwari M K, Maitra T, et al. Rational nanostructuring of surfaces for extraordinary icephobicity[J]. Nanoscale, 2014, 6(9):4874-81.

[13] Meuler A J, Smith J D, Varanasi K K, et al. Relationships between water wettability and ice adhesion[J]. Acs Applied Materials & Interfaces, 2015, 2(11):3100.

[14] Ling E J Y, Uong V, Renaultcrispo J, et al. Reducing Ice adhesion on nonsmooth metallic surfaces: wettability and topography effects[J]. Acs Applied Materials & Interfaces, 2016, 8(13):8789.

[15] Yong H Y, Milionis A, Loth E, et al. atmospheric ice adhesion on water-Repellent coatings: wetting and surface topology effects[J]. Langmuir, 2015.

[16] He Y, Jiang C, Cao X, et al. Reducing ice adhesion by hierarchical micro-nano-pillars[J].

Applied Surface Science, 2014, 305(3):589-595.

[17] He Y, Jiang C, Wang S, et al. Ice shear fracture on nanowires with different wetting states[J]. Acs Applied Materials & Interfaces, 2014, 6(20):18063-18071.

[18] Dou R, Chen J, Zhang Y, et al. Anti-icing Coating with an Aqueous Lubricating Layer[J]. Acs Applied Materials & Interfaces, 2014, 6(10):6998.

[19] Kim S H, Lee G C, Kang J Y, et al. Boiling heat transfer and critical heat flux evaluation of the pool boiling on micro structured surface[J]. International Journal of Heat & Mass Transfer, 2015, 91:1140-1147.

[20] Kim J, Jun S, Laksnarain R, et al. Effect of surface roughness on pool boiling heat transfer at a heated surface having moderate wettability[J]. International Journal of Heat & Mass Transfer, 2016, 101:992-1002.

[21] Yang L X, Chao Y M, Jia L, et al. Wettability and boiling heat transfer study of black silicon surface produced using the plasma immersion ion implantation method[J]. Applied Thermal Engineering, 2016, 99:253-261.

[22] Jo H J, Ahn H S, Kang S H, et al. A study of nucleate boiling heat transfer on hydrophilic, hydrophobic and heterogeneous wetting surfaces[J]. International Journal of Heat & Mass Transfer, 2011, 54(25):5643-5652.

[23] Betz A R, Jenkins J, Kim C J, et al. Boiling heat transfer on superhydrophilic, superhydrophobic, and superbiphilic surfaces[J]. International Journal of Heat & Mass Transfer, 2013, 57(2):733-741.

[24] Jo H J, Kim S H, Park H S, et al. Critical heat flux and nucleate boiling on several heterogeneous wetting surfaces: Controlled hydrophobic patterns on a hydrophilic substrate[J]. International Journal of Multiphase Flow, 2014, 62(2):101-109.

[25] Haiyan Tao, Jingquan Lin. Enhancing microwave absorption of metals by femtosecond laser induced micro/nano surface structure[J]. Optics and Lasers in Engineering, 2019, 31-36.

[26] Huan Huang, Lih-Mei Yang, Shuang Bai, et al. Blackening of metals using femtosecond fiber laser[J]. Applied Optics, 2015, 324-333.

[27] Zupančič M, Steinbücher M, Gregorčič P, et al. Enhanced pool-boiling heat transfer on laser-made hydrophobic/superhydrophilic polydimethylsiloxane-silica patterned surfaces[J]. Applied Thermal Engineering, 2015, 91:288-297.

[28] Kruse C M, Anderson T, Wilson C, et al. Enhanced pool-boiling heat transfer and critical heat flux on femtosecond laser processed stainless steel surfaces[J]. International Journal of Heat & Mass Transfer, 2015, 82:109-116.

[29] Yao Z, Lu Y W, Kandlikar S G. Effects of nanowire height on pool boiling performance of water on silicon chips[J]. International Journal of Thermal Sciences, 2011, 50(11): 2084-2090.

[30] Dong L, Quan X, Cheng P. An experimental investigation of enhanced pool boiling heat transfer from surfaces with micro/nano-structures[J]. International Journal of Heat & Mass Transfer, 2014, 71(4):189-196.

[31] Hwang TY, Vorobyev A Y, Guo C. Enhanced efficiency of solar-driven thermoelectric

110

generator with femtosecondlaser-textured metals[J]. Optics Express, 2011, 19(104): A824-A829.

[32] Tao H, Song X, Hao Z, et al. One-step formation of multifunctional nano- and microscale structures on metal surface by femtosecond laser[J]. Chinese Optics Letters, 2015, 13(6):48-51.

[33] Long J, Zhong M, Fan P, et al. Wettability conversion of ultrafast laser structured copper surface[J]. Journal of Laser Applications, 2015, 27(S2): S29107.

[34] Guo P, Zheng Y, Wen M, et al. Icephobic/anti-icing properties of micro/nanostructured surfaces[J]. Advanced Materials, 2012, 24(19):2642-2648.

[35] Boreyko J B, Srijanto B R, Nguyen T D, et al. Dynamic defrosting on nanostructured superhydrophobic surfaces[J]. Langmuir the Acs Journal of Surfaces & Colloids, 2013, 29(30):9516-9524.

[36] Nosonovsky M, Hejazi V. Why superhydrophobic surfaces are not Always icephobic[J]. Acs Nano, 2012, 6(10):8488-91.

[37] Rahimi M, Afshari A, Thormann E. Effect of aluminum substrate surface modification on wettability and freezing delay of water droplet at sub-zero temperatures[J]. Acs Appl Mater Interfaces, 2016, 8(17):11147.

[38] Dunér G, Iruthayaraj J, Daasbjerg K, et al. Attractive double-layer forces and charge regulation upon interaction between electrografted amine layers and silica[J]. Journal of Colloid & Interface Science, 2012, 385(1):225.